ビジュアル リーマン予想入門

A Visual Guide to the Riemann Hypothesis

木内 敬
KIUCHI Takashi

技術評論社

はじめに

本書の目標

本書は，2016 年に行った社会人，高校生・大学生向けセミナー「素数の世界～世紀の難問『リーマン予想とは！？』」（和から株式会社主催）の講義録を大幅に改訂したものです．私は，このセミナーの講師として，1 回 3 時間全 6 回にわたり，数学を専門としない社会人・学生向けに，できるだけ分かりやすく数学の本質を見失わない程度に平易にしたうえでリーマン予想の解説を行いました．

「リーマン予想」とは，**賞金 100 万ドル（約 1 億円）**の懸賞金がかけられている数学界で最大の謎の一つです．ゼータ関数の零点に関する予想ですが，驚くべきことにこの「**ゼータ関数**」は，「**素数**」と密接に関係しているのです．同セミナーは，おかげさまでたくさんの方から応募があり好評をいただきました．一見素数とは何の関係もないように思われる「ゼータ関数」と「素数」が密接に関係しているということに，多くの方が「ロマン」を感じたのだと思います．私は当時もっていた知識を総動員して「ゼータ関数」と「素数」との関係を説明しましたが，セミナーが終了した後も，もっと分かりやすく「ゼータ関数」と「素数」との関係を説明できたらよいのにと常々思っていました．

本書の最終目標は，できるだけたくさんのグラフや図を利用して，この「**ゼータ関数と素数との関係**」を理解することにあります．この「素数」と「ゼータ関数（より正確にはゼータ関数の零点）」にはコインの「表」と「裏」のような関係があります．例えば，数が大きくなればなるほど素数の個数（出現割合）は減っていきますが，逆に，ゼータ関数の零点（零点の中でも非自明零点と言われるもの）は，数が大きくなればなるほど増えていきます．また，素数から零点を生成することも，逆に，零点から素数を生成することもできます．

本書の目標は，同セミナーでは十分に説明しきれなかった内容を含めて，ビジュアルに視覚化したうえで，この「素数とゼータ関数の零点との関係」を理解することにあります．

まずは，今後の見通しをよくするために，「素数」と「ゼータ関数」の関係をざっと見ていきましょう．この「はじめに」では，「ゼータ関数」や「零点」などの用語を詳しい説明をせずに使用していますが，詳細は後に説明しますので，ここでは分からなくても気にせず，「素数」と「ゼータ関数」の関係をざっと眺めてみてください．

素数

素数とは，2，3，5，7，11，13，... など，1 とその数以外に約数をもたない自然数です．Figure 1 は，素数の位置に黒線を引いて素数の分布を表したものです．例えば，Figure 1(a) は，左端を 1，右端を 1000 とし，一番左の黒線が 2 を，一番右側の黒線は 997（1000 以下の最大の素数）を表しています．1 から 1000 までには素数が 168 個ありますので，168 本の黒線が描かれています．バーコードみたいですね．名付けて「**素数バーコード**」です．同様に，(b) は 1001 から 2000 まで，(c) は 100 万 1 から 100 万 1000 まで，(d) は 10 億 1 から 10 億 1000 まで，(e) は 1 兆 1 から 1 兆 1000 までにある素数を黒線で表したものです．

これらを見ると，素数が現れる割合はどんどん減っていることが分かります．Table 1 は，それぞれの開始数から 1000 個の自然数の中に何個の素数が含まれているか示したものです．素数の出現割合は減っていることが分かりますが，一方で「開始数」が 3 桁（1000 倍）増えているのに比べると，素数の出現割合はそれほど減っていないと捉えることもできます．「開始数」を 1000 倍したからといって，その周辺にある素数の数が 1000 分の 1 になるわけではないのです．このように，素数の出現割合は減っていくものの，その減り方はゆっくりなのです．この素数の出現割合がどのように減っていくのか表しているのが**素数定理**です．素数定理については，Part I で詳しく見ていきます．

素数バーコードから分かることはこれだけではありません．素数バーコードを見ると，素数は満遍なく出現するのではなく，ところどころ偏りながら出現することも分かります．素数がしばらく現れない部分があるかと思えば，連続して素数が現れる部分もあります．この素数が現れる場所のことを**素数の分布**と言います．**素数の分布を調べることとは**，**素数バーコードにおいて，黒線がどのような場所に現れるのか**，また，**どのような法則で現れるのか**を研究することです．本書の最終目標は，この**素数の分布がゼータ関数の零点でどのように表されるのか**理解することにあります．

Table 1：自然数 1000 個当たりに含まれる素数の数と割合

開始数	素数の数	素数の割合
1	168	0.168
1,001	135	0.135
1,000,001	75	0.075
1,000,000,001	49	0.049
1,000,000,000,001	37	0.037

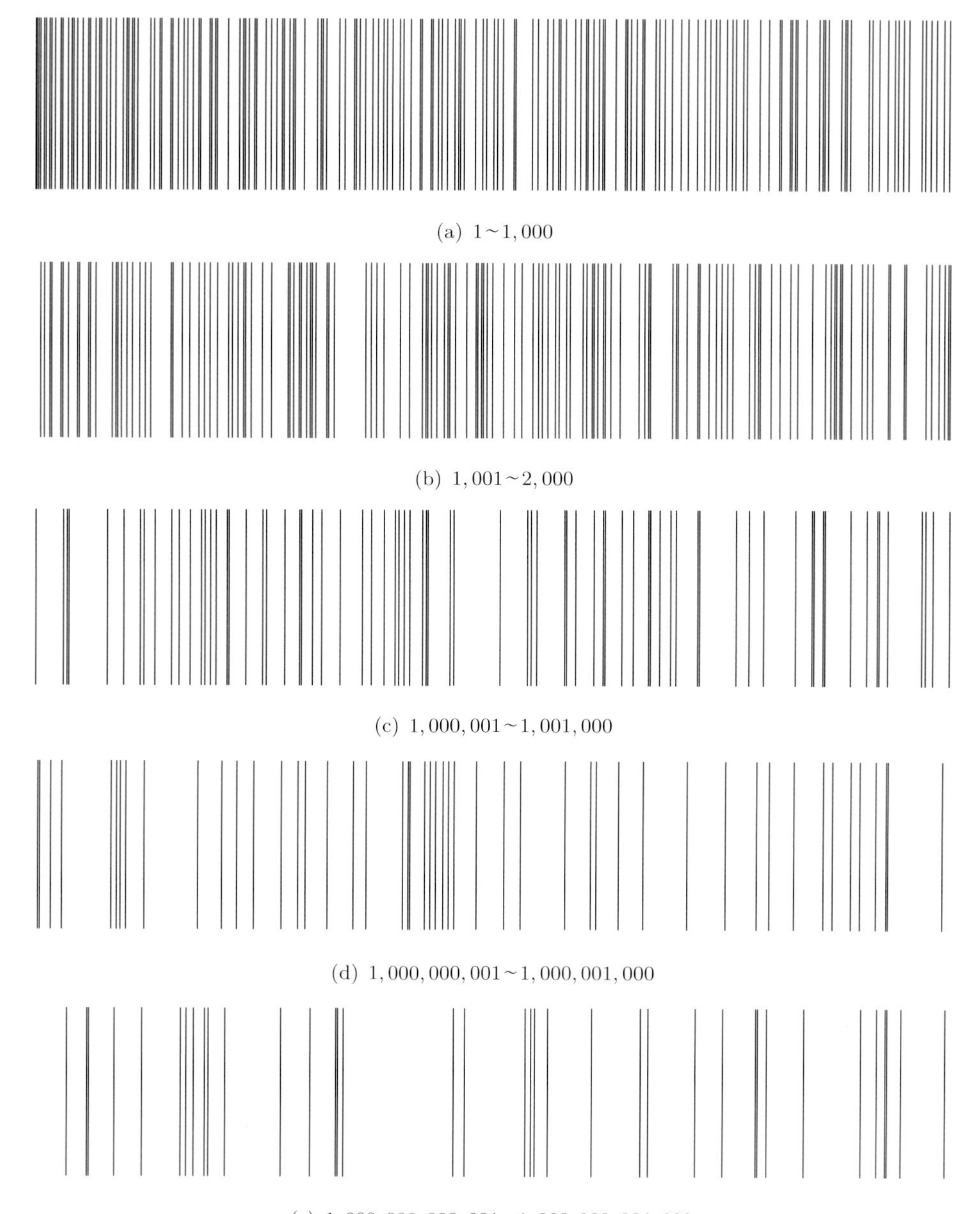

(a) 1～1,000

(b) 1,001～2,000

(c) 1,000,001～1,001,000

(d) 1,000,000,001～1,000,001,000

(e) 1,000,000,000,001～1,000,000,001,000

Figure 1：素数バーコード

素数の部分に黒線を引いたもの．例えば (a) の一番左の線は 2，一番右の線は 997（1000 以下の最大の素数）を表している．素数バーコードから，数が大きくなればなるほど素数の出現割合が減少することが分かる．また，双子素数（p と $p+2$ がともに素数となる素数）のように連続して素数が現れることもあれば，長い区間で素数が現れないこともあるなど，素数はまばらに出現することも見て取れる．

ゼータ関数

もう一つの登場人物である**ゼータ関数** $\zeta(s)$ について見ていきましょう．詳しくは Part II で説明しますが，ここではその形状を見ていきます．ゼータ関数は，定義域，値域ともに複素数とする関数（つまり，複素数から複素数への関数）ですので，これをグラフにすると 4 次元になってしまいます．そこで，ゼータ関数の値の絶対値を 3D グラフにしたのが Figure 2 です．

Figure 2 では 1 か所，槍（やり）のようにとがっているところがありますが，そのほかはほとんど平坦です*1．実は，このとがったところは，実部が 1，虚部が 0 であり（つまり $s=1$ です．），このときゼータ関数の値は（無限大に）発散します．このとがったところを，**ポール（pole）**と言います．日本語では**極（きょく）**と言いますが，ポール（pole）と言った方が，「槍」が立っているイメージとあいますので，本書では文脈に応じてポールまたは極と言うことにします．

そして，実はこの**ゼータ関数のポール（極）は，素数が無限にあること**と関連しています．これについては，Part II で確認します．これが，**ゼータ関数と素数との関係（その 1）**です．

■ゼータ関数の定義

ゼータ関数の定義は

$$\zeta(s) = 1 + \frac{1}{2^s} + \frac{1}{3^s} + \cdots$$

です．このままでは，複素数全体の関数とすることはできません．例えば，$s=-1$ とすると

$$\begin{aligned}\zeta(-1) &= 1 + \frac{1}{2^{-1}} + \frac{1}{3^{-1}} + \frac{1}{4^{-1}} + \ldots \\ &= 1 + 2 + 3 + 4 + \ldots\end{aligned}$$

となり発散してしまいます．しかし，Figure 2 のとおり，ゼータ関数は $s=-1$ では発散していません．実際 $\zeta(-1) = -\frac{1}{12}$ となります．このようにゼータ関数はそのままでは負の数では定義されていません．そこで，定義域を拡大する必要があります．定義域を拡大することを**解析接続**と言い，本書では Part V で見ていきます．また，上の式から

$$1 + 2 + 3 + 4 + \ldots = -\frac{1}{12}$$

というナンセンスな式が出てきますが，この式は一概にナンセンスなものではなく，ある見方をすれば数学的にも意味のある式と考えることができます．この点も Part V で確認します．

*1　ただし，平坦なのはこのグラフに描画されている範囲が限られているためです．

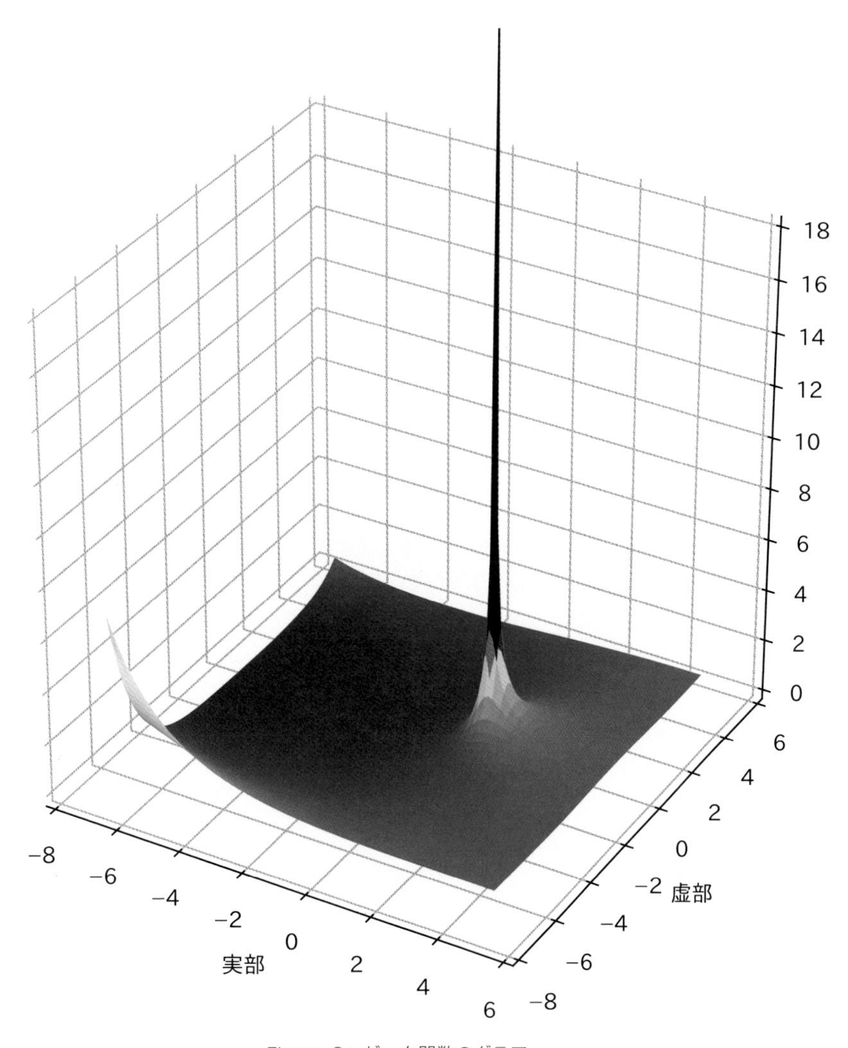

Figure 2：ゼータ関数のグラフ

ゼータ関数の絶対値を 3D グラフとしたもの．ゼータ関数は，1 か所 ($s=1$) で絶対値が無限大となっているところがある．これをポール（極）と言う．ポールは，素数が無限にあることと関連している．

ゼータ関数の零点―自明な零点―

次に，ゼータ関数の負の値を見ていきましょう．ただし今度は絶対値ではなく，ゼータ関数のそのままの値を見ていきます．(ゼータ関数に実数を代入するとその値は実数となりますので，通常のグラフを描くことができます．)

Figure 3 は，ゼータ関数の $s = -2$ から $s = -20$ までのグラフです．色の付いた小さいグラフは，対応する色の部分を拡大したものです．緑のグラフを見ると，$s = -2$ のとき 0 になりその後は正→ 0 →負→ 0 →正→ 0 と振動していることが分かります．そして，0 になっているのは，負の偶数 $s = -2, -4, -6, -8, -10$ のときです．それ以降のグラフも正→ 0 →負→ 0 →正→ 0 と振動し，負の偶数で 0 となっています．

このグラフから分かるように，ゼータ関数は負の偶数 $s = -2, -4, -6, -8, \dots$ で 0 になります．このようにゼータ関数 $\zeta(s)$ の値が 0 になる s のことをゼータ関数の**零点（れいてん）**と言います．ゼータ関数は負の偶数 $-2n$（n は自然数）で 0 になりますので（Part V)，負の偶数 $-2n$ はゼータ関数の零点です．この負の偶数の零点のことを**自明な零点**と言います．そしてこの**ゼータ関数の自明な零点は，先述のポールと併せて，素数のおおよその分布割合**を示しています．「素数のおおよその分布割合」とは素数バーコードで見た「素数のおおよその出現割合」と同じものと思ってもらって構いません．「素数のおおよその分布割合」を記述する定理を**素数定理**と言います．

■素数定理

素数定理とは，素数の出現割合を近似する定理であり，n 付近の素数の出現割合は $\frac{1}{\log n}$ で近似できるという定理です．Table 1 で見たとおり，10 億付近での素数の割合は 0.049 であり，1 兆付近では 0.037 でした．素数定理を適用すると $\frac{1}{\log(1000000001)} = 0.0482\cdots$ であり $\frac{1}{\log(1000000000001)} = 0.0361\cdots$ ですので良い近似になっていることが分かります．素数定理については，Part I で確認します．また，素数定理とリーマン予想との関係は Part VII で確認します．

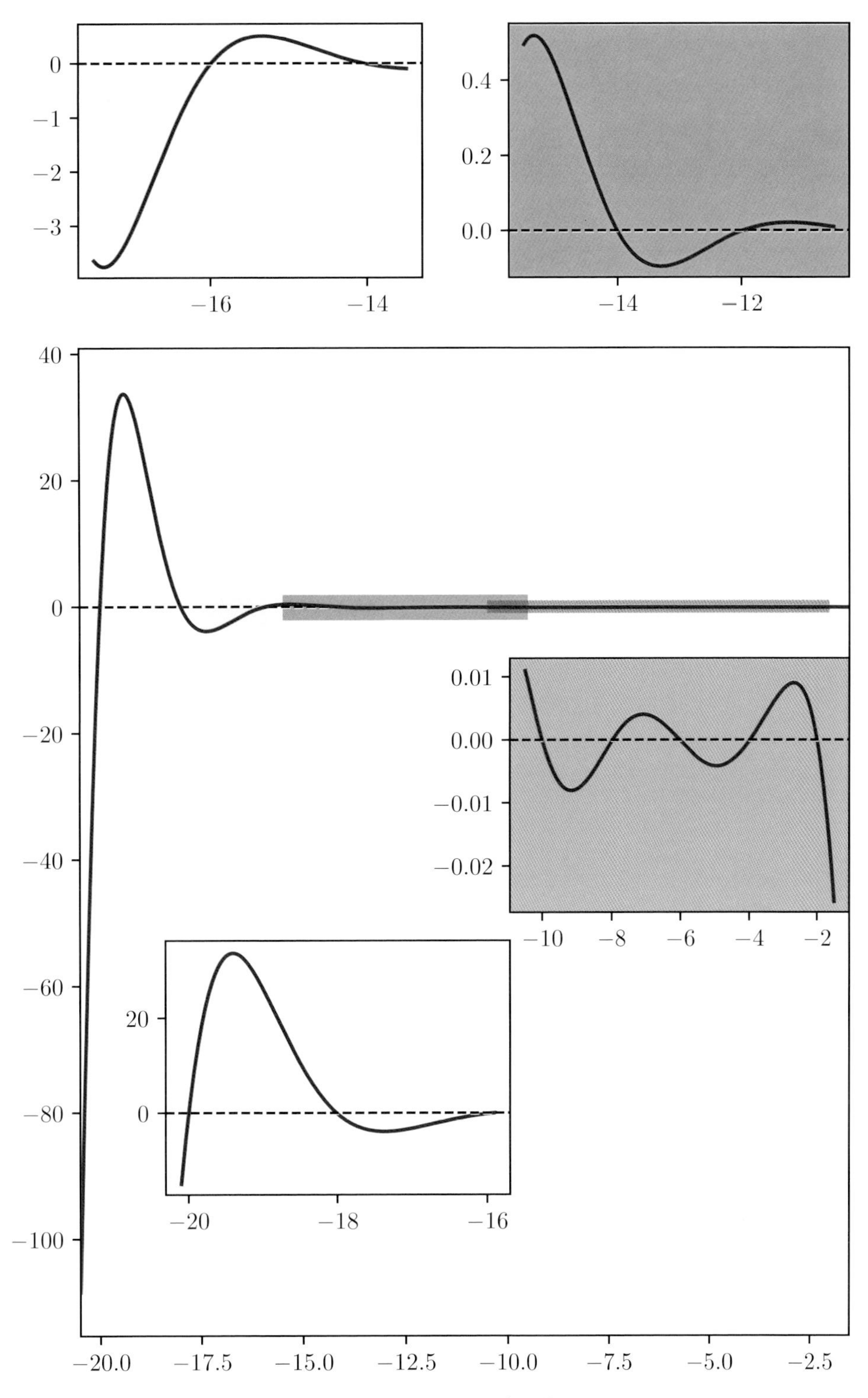

Figure 3：ゼータ関数の負のグラフ

ゼータ関数の負の範囲のグラフ．$s=-20$ 付近での振幅が大きく，どこで 0 となるのかこのグラフからは分からないため，それぞれ色を付けた部分を拡大表示した．これらを見ると，ゼータ関数は負の偶数で 0 となることが分かる．

ゼータ関数の零点—非自明な零点—

ここまで，ゼータ関数のポールと自明な零点が素数の分布と関係があることをざっと見てきましたが，ゼータ関数には自明な零点の他に，もう一つの重要な零点の集まりがあります．Figure 4 は，ゼータ関数の値（複素数）を偏角で色分けしたものです（偏角については Part III 参照）．このグラフからゼータ関数の零点を見つけていきましょう．上の図 (a) は複素数の偏角を色分けしたカラーサンプルです．複素平面上で偏角が 0（つまり実軸の正の方向）の付近は赤，半時計回りに黄色→緑となり，偏角が 180 度（つまり実軸の負の方向）では水色となって青→紫→赤に戻ってくることが分かります．**原点は，赤・緑・青が接している**ことを覚えておきましょう．

下の図は，ゼータ関数の値の偏角をカラーで表したものです．右半平面（つまり，実部が正の範囲）上では赤一色になっています．これは，この範囲でゼータ関数の偏角が 0 付近にあることを示しています．また，負の実軸上では周期的に色が変わっているところがありますが，これが，先ほど見た自明な零点です．カラーマップで見たとおり赤・緑・青が接しているところが零点であり，例えば $s = -2$ で赤・緑・青が接していることが分かります．同様に，負の偶数では赤・緑・青が接していることを確認できます．$s = -2$ から $s = -10$ までに赤・緑・青が接している部分が 5 個あることを確認してみましょう．

■非自明零点

ゼータ関数の零点のうち，自明な零点以外を**非自明な零点**と言います．

Figure 4 の下図では，赤・緑・青が接しているところが y 軸上（つまり虚軸上）の付近にあることが分かります．例えば，虚軸の 14 の付近（つまり $14i$ 付近）に赤・緑・青が接しているところがあります．この点をよく見ると，虚軸からわずかに右側にずれていることが分かるでしょうか*2．$21i$，$25i$ 付近の虚軸からわずかに右側に外れたところにも，赤・緑・青が接している点があり，実は，ここにもゼータ関数の零点があるのです．これらが，ゼータ関数の非自明零点です．非自明零点については，Part VII で確認します．

■リーマン予想

カラーマップを見ると，非自明零点は実軸からわずかに右側にずれた縦一直線にならんでいるように見えます．この縦の直線のことを**クリティカルライン**と言います．そして，本書のテーマである**リーマン予想とは，すべての非自明零点がクリティカルライン上にある**という予想です．コンピュータを使うことにより 1 兆個を超える非自明零点の位置が計算されていますが，現在までに判明している非自明零点はすべてクリティカルライン上にあります．つまり，現在までに判明している非自明零点は，すべてリーマン予想を満たしているのです．しかし，未だこの証明には誰も成功していません．リーマン予想については Part VII で確認します．

---

*2　原点の右横にある赤・緑・青が接している部分は，零点ではなくポールです．

(a) カラーマップのカラーサンプル

Figure 4：ゼータ関数の偏角のカラーマッピング

上は偏角のカラーサンプル．偏角が 0 に近い場合は赤，$\pi/2$ 付近で緑，π 付近で水色，$3\pi/2$ 付近で青となる．下はゼータ関数の値を偏角で色分けしたものである．負の実軸にある模様は自明な零点を表す．同様の模様が虚軸付近にもある．これが非自明零点である．

非自明零点から素数を作る

ゼータ関数のポールと自明な零点は素数の分布と関係していましたが，非自明零点もやはり素数の分布と関係しています．関係しているどころか，「非自明零点は素数の分布を完全に知っています」し，逆に「素数は，非自明零点の分布を完全に知っています」．「完全に知っている」とはどのようなことなのか見ていきましょう．

非自明零点の虚部は，14.1，21.0，25.0，30.4，32.9，37.6，40.9，43.3，48.0，49.8，... と続きます*3.

i 番目の非自明零点の虚部を θ_i とします．そして，

$$y = -\cos(\theta_i \log x) \tag{1}$$

という関数を考えましょう*4．例えば，$i = 1$ の場合，$y = -\cos(14.1 \log x)$ であり，Figure 5(a) がそのグラフです．これを見ると，2，3 の近くで極大値をとっていることが分かります．ここで，2 も 3 も素数であることに注意しましょう！ ただ，この時点ではそのほかの素数と極大値は少しずれています．

Figure 5(b) は，10 個の非自明零点に関して (1) を足したもののグラフです．2，3，5，7，11，13 の付近で極大となっていることが分かります．つまり，たった 10 個の非自明零点から，かなりの精度で素数の場所を言い当てることができるのです！

Part VIII ではさらに驚くべき精度で非自明零点から素数が生成されることを見ます．(1) に含まれているパラメータは非自明零点しかありませんので，「非自明零点は素数を完全に知っている」ことになります．

Column >「最小の非自明零点はあなたの目の前にある」

代数学者のマンフォードは自身のブログ*5で次のような指摘をしています．

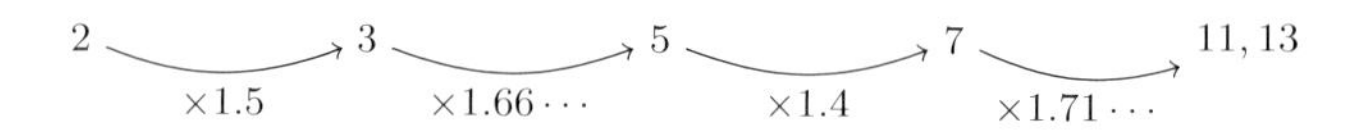

「2，3，5，7，... と隣り合う素数の比 1.5，1.66，1.4，... を考えます．11 と 13 などの 11 以上の双子素数については，その間の 12 に一つの素数があるとみなし，孤立している 23，37 は飛ばすなどの補正を行うと，43 までの隣り合う素数の比の平均は概ね 1.557 になります．」（次のコラムへ続く）

---

*3　つまり，実際の零点は $s = \frac{1}{2} + 14.1i, \frac{1}{2} + 21.0i, \ldots$ です．なお，ここでは小数第 2 位を四捨五入した値を示しており，実際の小数はもっと続きます．

*4　本書では log は底を e とする自然対数を意味します．

*5　「The lowest zeros of Riemann's zeta are in front of your eyes」(2014 年 10 月 30 日)
http://www.dam.brown.edu/people/mumford/blog/2014/RiemannZeta.html

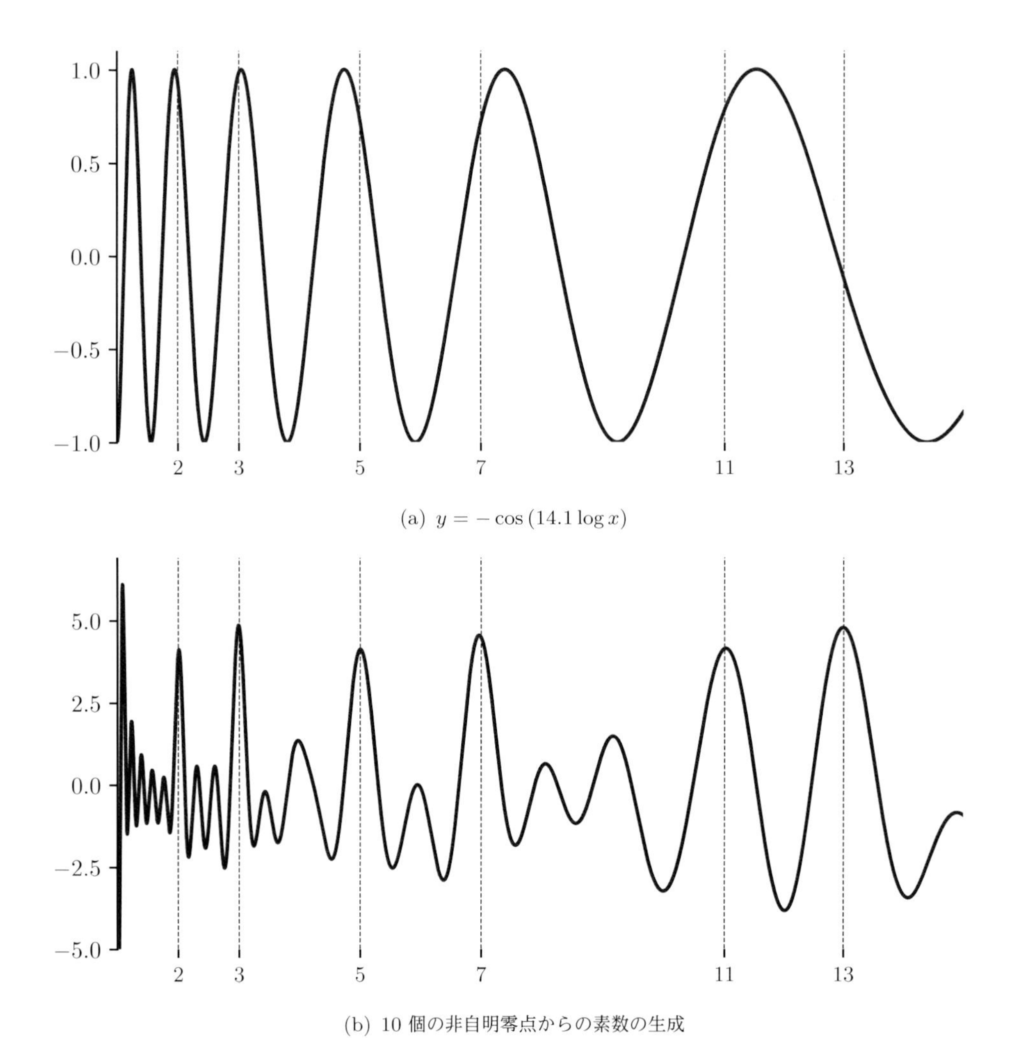

(a) $y = -\cos(14.1 \log x)$

(b) 10 個の非自明零点からの素数の生成

Figure 5：非自明零点から素数の再現

(a) は $y = -\cos(14.1 \log x)$ のグラフである（14.1 は最初の非自明零点の虚部）．2，3（素数）付近で極大となっているが，5，7，11 ではやや外れている．(b) は 10 個の非自明零点に関して式 (1) を足したもののグラフである．2，3，5，7，11，13 付近で極大になっており，たった 10 個の非自明零点から精度良く素数の位置が現れることが分かる．Part VIII では驚くべき精度で非自明零点から素数が生成されることを見る．

素数から非自明零点を作る

逆に，素数から非自明零点を作ることもできます．p を素数とし，

$$-\frac{\log p}{p}\cos(\log(p)t) \tag{2}$$

という関数を考えます．

例えば，$p=2$ のときのグラフは Figure 6(a) です．14.1（最初の非自明零点の虚部）付近で極大になっていることが分かります．しかし，それ以降の非自明零点 21.0, 25.0, ... では極大になっていません．

Figure 6(b) は最初の 10 個の素数（つまり，$p=2,3,5,7,11,13,17,19,23,29$）について (2) の和をとったものです[*6]．精度よく非自明零点で極大になっていることが分かります．足し合わせる素数の個数を増やすと，より良い精度で非自明零点が飛び出します．Part VIII ではさらに驚くべき精度で素数から非自明零点が生成されることを見ます．

このように，比較的簡単な操作で，非自明零点から素数を作ることも，素数から非自明零点を作ることもできるのです．つまり，素数は，その値の中に非自明零点の情報をもっていますし，非自明零点もその中に素数の情報をもっているのです（Part VIII）．

これが，**ゼータ関数と素数との関係（その 3）**です．

Column ＞「最小の非自明零点はあなたの目の前にある」（コラムの続き）

（続き）「実際，$1.27\cdot 1.557^n$ を考えると

$$1.98,\ 3.08,\ 4.80,\ 7.47,\ 11.64,\ 18.12,\ 28.22,\ 43.94$$

となり，これは，補正された素数の列

$$2,\ 3,\ 5,\ 7,\ 12(11,13),\ 18(17,19)\ ,(23),\ 30(29,31),\ (37),\ 42(41,43)$$

をよく近似しています．そして，$\frac{2\pi}{\log(1.557)}=14.19$ となり，この数字は最小の非自明零点 14.1347 に極めて近いものです．」

このマンフォードの指摘は，非自明零点，それもたった一つの非自明零点でも，良い精度で素数と対応していることを示唆しているものです．なお，マンフォードが $2\pi/\log(1.557)$ を考えたのは，(1) の極大の周期が 2π であるためです．

この種明かしは，Part VIII で扱います．

[*6] 詳細については Part VIII を参照してください．

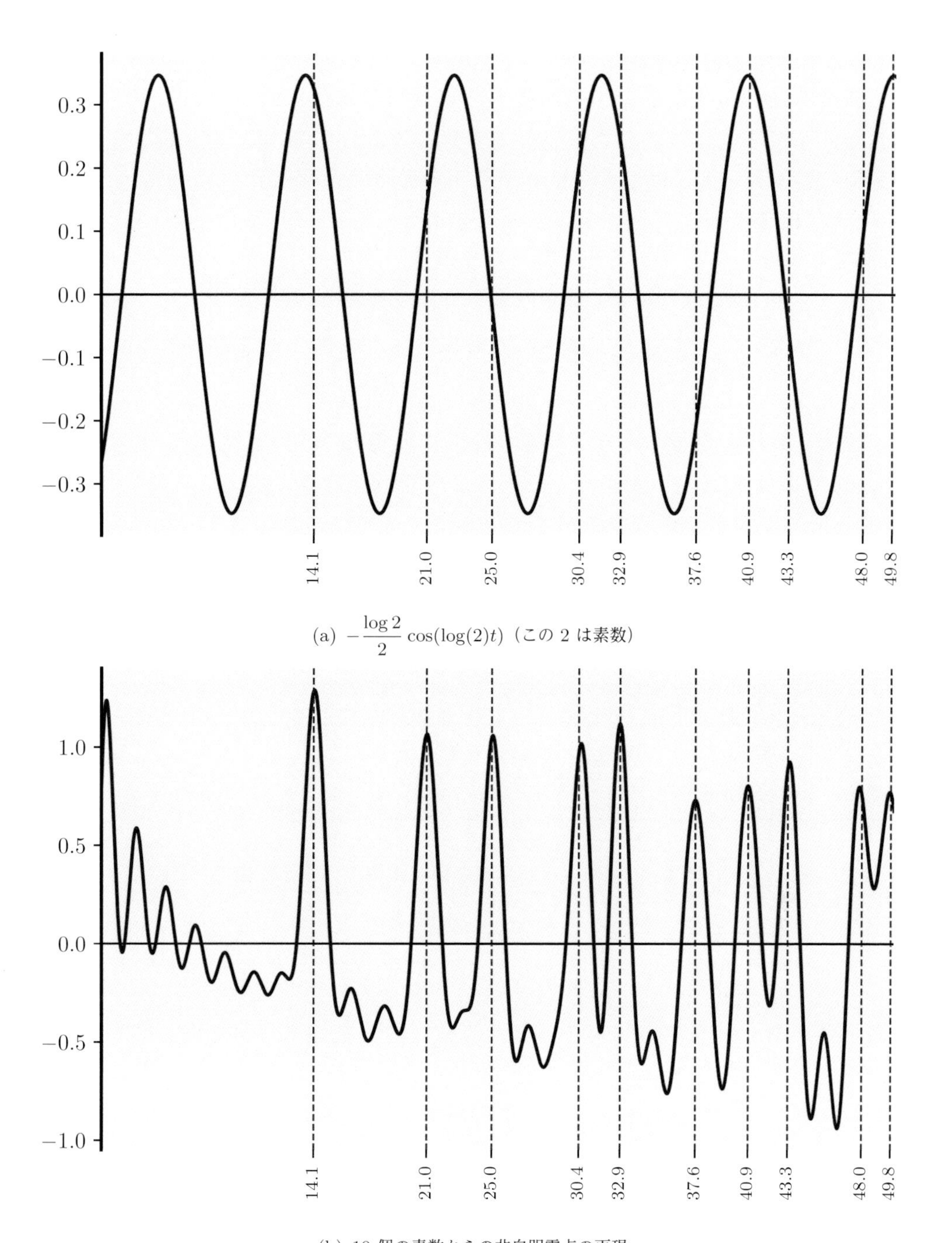

(a) $-\dfrac{\log 2}{2}\cos(\log(2)t)$（この 2 は素数）

(b) 10 個の素数からの非自明零点の再現

Figure 6：素数から非自明零点の再現

(a) は素数 2 から非自明零点を再現する式であり，x 軸の 14.1,21.0,... は非自明零点の虚部である．14.1,40.9,49.8 付近で極大となっているが，それ以外の非自明零点付近では極大とはなっていない．(b) は 10 個の素数に関して，式 (2) を足したもののグラフである．たった 10 個の素数からでも，高い精度で非自明零点が生成できていることが分かる．Part VIII では驚くべき精度で素数から非自明零点が生成されることを見る．

素数とゼータ関数のまとめ

ここまでお話ししてきた「ゼータ関数」と「素数」との関係は Table 2 のとおりです．

ゼータ関数には,「ポール」と「零点」があり,「零点」には「自明な零点」と「非自明な零点」があります．このそれぞれが，素数との間で関係があるのです．

Table 2：ゼータ関数のポール・零点と素数との関係

ゼータ関数	素数
ポール（極）$(s = 1)$	素数の無限性
ポール（極）や自明な零点 $(s = -2n)$	素数の（おおよその）割合
非自明な零点	素数の（正確な）値

また，Figure 7 は，ゼータ関数の「ポール」と「零点」の位置を図示した複素平面図です．Figure 7 は，この後何度も出てきますので，今は覚える必要はありません．

詳細は後に説明しますが, ゼータ関数の「ポール」は, $s = 1$ だけです．また,「零点」は「自明な零点」と「非自明な零点」に分類され,「自明な零点」は負の偶数 $(s = -2, -4, -6, \ldots)$ です．そして「非自明な零点」とは「自明な零点」以外の零点を意味しています．リーマン予想はこの非自明な零点が，クリティカルライン上にあるという予想です．

> リーマン予想とは，ゼータ関数の**非自明な零点はすべてクリティカルライン上にある**という予想である．

頭の片隅にこれらの図・表をおきながら，さあ，素数とゼータ関数の世界に飛び出しましょう*7．

*7　本書は，数学を専門としない社会人・学生向けのリーマン予想の入門書です．そのため，できる限り本書のみで理解が可能なように，self-contained（自己充足的）な内容とすることを目標としたものの，非専門家向けの書籍であることから，証明を省略した部分があります．とりわけ，級数の収束性（絶対収束性や広義一様収束性）については，証明のポイントとなるものであったとしても証明は行いませんでした．また，複素関数論やガンマ関数の性質の多くは，証明を行わずに本書で使う定理の結果のみを参照しています．

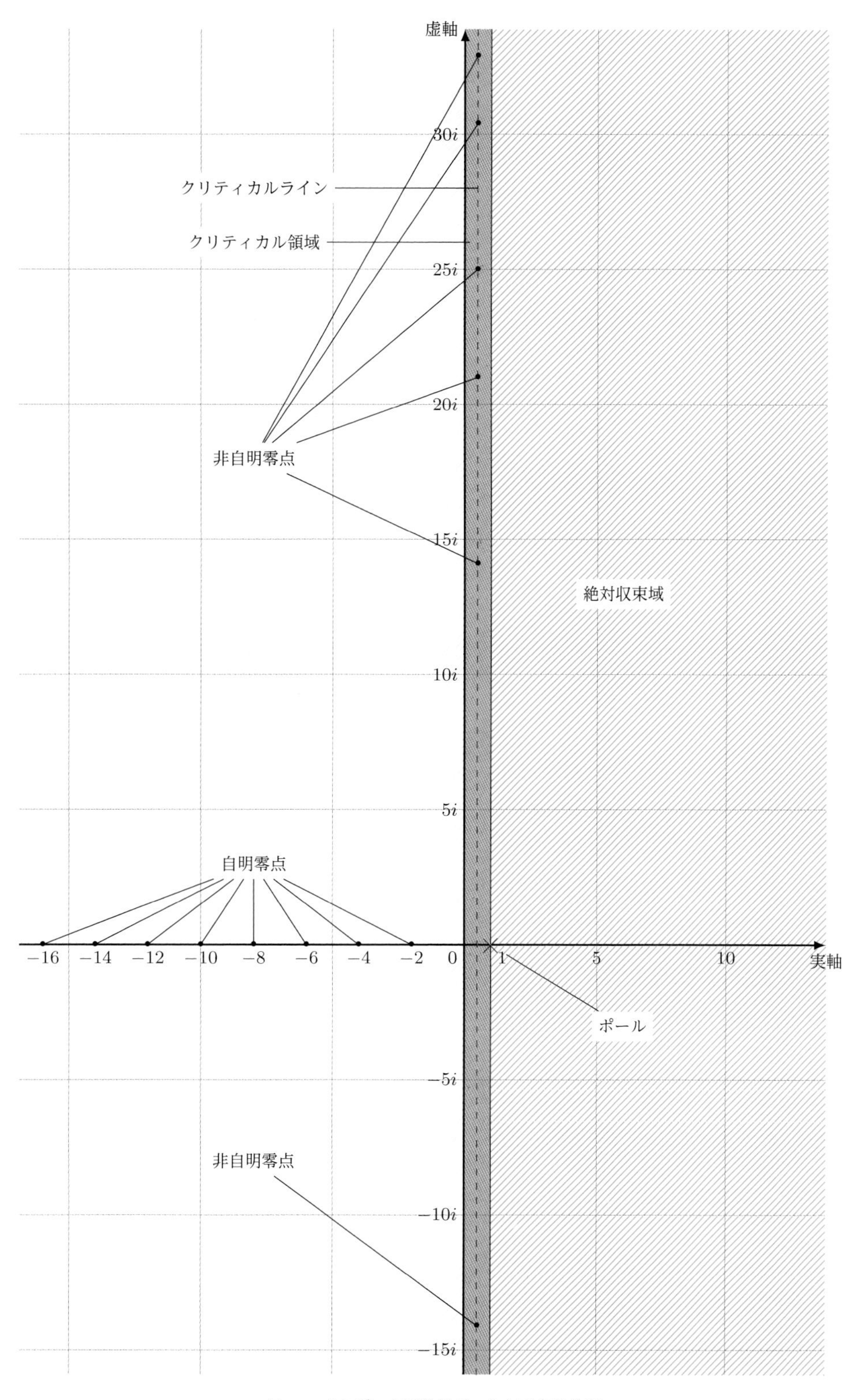

Figure 7：ゼータ関数のポールと零点の位置

Contents

目 次

Part VII リーマン予想 131

Part VIII 素数で輝く 149

ζ Part I

素数の不思議な性質

第1章 素数の性質

1.1　素因数分解の一意性

素数には重要な性質が二つあります．一つは，素数が無限にあること，つまり，**素数の無限性**，もう一つは任意の自然数が素数の積で表されること，つまり，**素因数分解の一意性**です．ここでは後者の素因数分解の一意性について見ていきます．**素因数分解の一意性**とは，任意の自然数は素数の積として表すことができ（素因数分解可能），しかもその方法（素因数分解の方法）は，本質的に一意的であるというものです．ここで，「本質的に一意的」とは，「積の順序を入れ替えることを無視して」という意味です．例えば，12 は，$2 \times 2 \times 3$ とも，$2 \times 3 \times 2$ とも分解されますが，ここに現れる素因数は重複も込めて 2，2，3 と決まるということを意味しています．

●定理 1.1.1　素因数分解の一意性

1[*1]より大きい自然数は，素数の積として表すことができ，その方法は素数の順序を除いてただ 1 通りである．

証明　証明（素因数分解可能なこと）

まず，1 より大きい自然数が素因数分解可能なことを示す．1 より大きい任意の自然数 n は，素数 p を約数としてもつ．なぜなら，n が素数のときは n 自身が約数であり，n が素数でないときは素数の定義より 1，n 以外の約数が存在し，このうち 2 番目に小さい（つまり 1 の次の）約数を p とすれば p は 1，p 以外に約数をもたず素数となるからである．

そこで，n の約数で素数なものを p_1 とおく．$\frac{n}{p_1} \neq 1$ のときは，$\frac{n}{p_1}$ に対して同様にこの操作を行い，この操作を $\frac{n}{p_1 p_2 \cdots p_m} = 1$ となるまで繰り返す．これにより，$n = p_1 p_2 \cdots p_m$ となるが，これは n の素因数分解に他ならない．

*1　1 も 0 個の素数の積と考えれば除外する必要はありません．

素因数分解が一意的であることの証明には，次のユークリッドの補題が必要です．

補題 1.1.2　ユークリッドの補題

a，b が自然数で，素数 p が ab を割り切るとき，p は a または b を割り切る．

このユークリッドの補題は，一見明らかなように思われますが，きちんと証明するには，それなりの準備が必要となります．ここでは，ユークリッドの補題の証明は後回しにして，これを認めたうえで，素因数分解の一意性の証明をします．

証明　証明（素因数分解の一意性）

2 通りの方法で素因数分解がなされる自然数があると仮定する．このとき，そのような自然数の最小のものを n とおき，2 通りの素因数分解を

$$n = p_1 p_2 p_3 \cdots p_r = q_1 q_2 q_3 \cdots q_s$$

とする．ユークリッドの補題より，p_1 は，q_1 または $q_2 q_3 \cdots q_s$ のいずれかを割り切る．仮に，$q_2 q_3 \cdots q_s$ を割り切る場合には，この操作を繰り返すことにより，p_1 は q_i を割り切ると仮定してよい．ここで，q_i は素数であるため $p_1 = q_i$ であるが，これは $\frac{n}{p_1}$ に 2 通りの素因数分解を与えることになり，n が 2 通りの方法で素因数分解ができる最小の数であるということに矛盾する．

■**ユークリッドの補題の証明**

ユークリッドの補題は決して自明ではありません．その証明のためには複数の補題が必要となります．ここから三つほど補題をご紹介しますが，これらは初等整数論では最頻出の補題です．

補題 1.1.3　商と余りの関係

n，m を整数とするとき，自然数 q と $0 \leq r < |m|$ となる整数が存在して次のようにできる．

$$n = qm + r$$

これは，n を m で割った商を q，余りを r とおくと「商と余りの関係」です[*2]．ポイントは，余り r は $|m|$ より小さくできることです．$r \leq |m|$ ではなく $r < |m|$ であることに注意しましょう．

*2　n，m は正とは限りません．証明は省略しますが，負の場合についても成り立つことは各自確かめてください．

■ユークリッドの互除法

次に，記号を準備します．n，m を整数とするとき，n，m の公約数で最大のものを**最大公約数と言い** (n,m) と表します．

例 1.1.4

$(8,12)=4,\ (-36,15)=3$

補題 1.1.5　ユークリッドの互除法

n，m を整数とするとき，次が成り立つ．

$$(n,m)=(n-m,m)$$

証明

$d=(n,m)$ とすると最大公約数の定義より $dn'=n$，$dm'=m$（n'，m' は整数）とおける．よって，$d(n'-m')=n-m$ となり d は $n-m$ の約数である．つまり，d は $n-m$ と m の公約数となり，したがって，$d=(n,m)\leq(n-m,m)$ となる．

逆に $d'=(n-m,m)$ とおくと最大公約数の定義より $d'n''=n-m$，$d'm''=m$（n''，m'' は整数）とおける．よって，$d'(n''+m'')=n$ となり d' は n の約数である．つまり，d' は n と m の公約数となり，したがって，$d'=(n-m,m)\leq(n,m)$ となる．

以上より，$(n,m)=(n-m,m)$ である．

■ベズーの補題

次が最後の補題となります．その前に用語を定義します．n，m を整数とし，n と m の最大公約数が 1 のとき，つまり $(n,m)=1$ のとき，**n と m は互いに素**と言います．例えば，5 と 32 は互いに素であり，-21 と 25 も互いに素ですが，9 と 15 は互いに素ではありません．

補題 1.1.6　ベズーの補題

n，m を互いに素な自然数とするとき，次の式を満たす整数 a，b が存在する．

$$an+bm=1$$

証明

$n>m$ と仮定してよい．このとき，n を m で割った余りを r_1 とすると，商と余りの関係（補題 1.1.3）より，$0\leq r_1<m$ であり

$$n=q_1m+r_1$$

とできる．ここで，n と m の最大公約数は 1 なので，m と r_1 の最大公約数も 1 と

なる．なぜなら，ユークリッドの互除法（補題 1.1.5）を繰り返し使うと次のようになるからである．

$$1 = (n, m) = (n - m, m) = (n - 2m, m) = \cdots = (n - q_1 m, m) = (r_1, m)$$

同様に m を r_1 で割った余りを r_2 とすると，$0 \leq r_2 < r_1$ であり

$$m = q_2 r_1 + r_2$$

となる．また，上記と同じ理由で r_1 と r_2 の最大公約数は 1 となる．この操作を繰り返すと，いつか，余りは 0 となる．これを $r_{i+1} = 0$ とすると，r_i と $r_{i+1} = 0$ の最大公約数は 1 であることから $r_i = 1$ となる．つまり，

$$\begin{aligned} n &= q_1 m + r_1 \\ m &= q_2 r_1 + r_2 \\ r_1 &= q_3 r_2 + r_3 \\ &\cdots\cdots\cdots \\ r_{i-2} &= q_i r_{i-1} + r_i \end{aligned}$$

となる．1 番上の式を $r_1 = n - q_1 m$ と変形したうえで，2 番目，3 番目の式の r_1 に代入し，順次，2 番目の式の r_2 をその下の r_2 に代入していくことを続けると，最終的には $1 = r_i = an + bm$ の形にできる．

それではこのベズーの補題を使って，ユークリッドの補題（補題 1.1.2）を証明します．

証明　ユークリッドの補題（補題 1.1.2）の証明

p が ab を割り切ると仮定する．仮に p が a を割り切らないとすれば p が b を割り切ることを示す．

p が a を割り切らないと仮定すると，p は素数であるため p と a は互いに素である．したがって，ベズーの補題より整数 m，n が存在して

$$mp + na = 1$$

とできる．この式の両辺に b を掛けると

$$mpb + nab = b$$

となるが，ab は p で割り切れるため，左辺は p で割り切れ，したがって b は p で割り切れる．

1.2　素数が無限にあること

素数が無限にあることは古代ギリシャ時代の紀元前 3 世紀ごろに書かれたユークリッドの『原論』により知られていました．その証明は，背理法を使った数学らしい証明ですので，右に掲げておきます．この証明では，2 以上の自然数が素因数分解可能であるという性質のみを使い，素数の無限性を証明しています．極めてシンプルで数学らしい美しい証明です．

素数の無限性の証明はこれ以外にも多数知られていますが，ユークリッドの証明に並ぶシンプルで美しい証明が，ユークリッドの証明から 2000 年以上もたった 2006 年にサイダック（Filip Saidak）によって発見されました！ このような証明が，つい最近になって見つかるとは驚きです．その驚くべき証明も次ページに掲載しました（[39]）．

この証明では，連続する自然数を n，$n+1$ としたとき，n と $n+1$ の公約数は 1 しかないこと，つまり，n と $n+1$ が互いに素であることを用います．念のため，この証明をしておきます．

● 補題 1.2.1

n を自然数とするとき n と $n+1$ は互いに素である．つまり，$(n, n+1) = 1$ である．

証明

ユークリッドの互除法（補題 1.1.5）より，任意の整数について $(n, m) = (n-m, m)$ が成り立つ．ここで n に $n+1$ を m に n を代入すると $(n+1, n) = (1, n) = 1$ より，n と $n+1$ が互いに素であることが分かる．

ユークリッドやサイダックによる方法以外にも，素数が無限にあることはたくさんの方法により証明されています．「はじめに」でご紹介したように，この素数の無限性は，ゼータ関数が $s = 1$ でポール（極）をもつこととも関連しています．この点については Part II で確認します．

●定理 1.2.2 素数の無限性

素数は無限に存在する．

証明 ユークリッド『原論』による証明

仮に素数が有限個しか存在しないと仮定し，すべての素数を p_1，p_2，p_3，…，p_n とする．このとき，これらをすべて掛けて 1 を足した

$$P = p_1 \times p_2 \times p_3 \times \cdots \times p_n + 1$$

を考える．2 以上の自然数は素数を約数としてもつので，P は素数を約数としてもつが，p_1，p_2，p_3，…，p_n がすべての素数であると仮定しているため，p_i $(1 \leq i \leq n)$ が P の約数と仮定できる．一方，P は

$$P = p_i \times (p_1 \times p_2 \times \cdots \times p_n) + 1$$

と表されるため，P は p_i で割ると 1 余る．つまり，p_i で割り切れないこととなる．しかし，これは，p_i が P の約数であることと矛盾する．最初に素数が有限個しか存在しないと仮定することにより矛盾が導かれたため，背理法により，素数が無限にあることが証明された．

証明 サイダックによる別証（2006 年）[39]

n_1 を 2 以上の自然数とする．このとき，n_1 と $n_1 + 1$ は互いに素であるため（補題 1.2.1），n_1 の約数に含まれる素数と $n_1 + 1$ の約数に含まれる素数は完全に異なる．

したがって，

$$n_1(n_1 + 1)$$

の約数には，少なくとも二つ以上の異なる素数が含まれる．$n_2 = n_1(n_1 + 1)$ とおくと，同様に n_2 と $n_2 + 1$ は互いに素であるため，

$$n_2(n_2 + 1)$$

の約数には，少なくとも三つ以上の異なる素数が含まれる（なぜなら，$n_2 = n_1(n_1 + 1)$ の約数には二つ以上の異なる素数が含まれ，これとは別の素数が $n_2 + 1$ の約数となっているため）．同様に，$n_3 = n_2(n_2 + 1)$ とおくと n_3 と $n_3 + 1$ は互いに素であるため，$n_3(n_3 + 1)$ の約数には，少なくとも四つ以上の異なる素数が含まれる．このように，いくらでも異なる素数を約数とする自然数を見つけることができる．したがって，素数が無限にあることが証明された．

第2章 素数を数えよう

2.1 素数を数える関数―素数計数関数 $\pi(x)$―

前章で，素数が無限にあることを確認しました（定理 1.2.2）．それでは素数は，自然数のうち，どのくらいの割合で存在しているのでしょうか．「はじめに」に掲げた素数バーコードから分かるとおり，数が大きくなればなるほど，素数の割合は小さくなっていきます．それでは，この割合はどのように小さくなっていくのでしょうか．この「素数の割合」を考えるためには，素数の個数を数える必要があります．そこで，素数を数える関数を定義しましょう．実数 x に対し，x 以下の素数の個数を $\pi(x)$ で表すことにします．これを**素数計数関数**と言います．例えば，$\pi(2)=1$，$\pi(3)=2$，$\pi(4)=2$ ですし，100 以下の素数は 25 個あるので，$\pi(100)=25$ です．

Figure 2.1 は，$y=\pi(x)$ のグラフです．x が素数のときに 1 ステップアップし，合成数では水平であることが分かります．素数だけで 1 ステップアップするため，素数の個数を数えられるのです．

$\pi(x)$ は素数でステップアップする階段状の関数ですので，このグラフを称して**素数階段**と言うことがあります．私たちの目標は**素数の分布**とゼータ関数との関係を知ることですが，**素数階段が分かれば素数の分布も分かります**．リーマンは，次のようにこの素数階段 $\pi(x)$ をゼータ関数のポールと零点で表すことに成功しました．（驚くべきことに，この式は近似式ではありません！）

$\pi(x)=$ ゼータ関数のポールと零点で表される式

リーマンは，**素数の情報とゼータ関数のポールと零点の情報とが等価である**ことを示したのです．本書では $\pi(x)$ を変形した素数階段に対して同様の式を示します（Part VIII）．

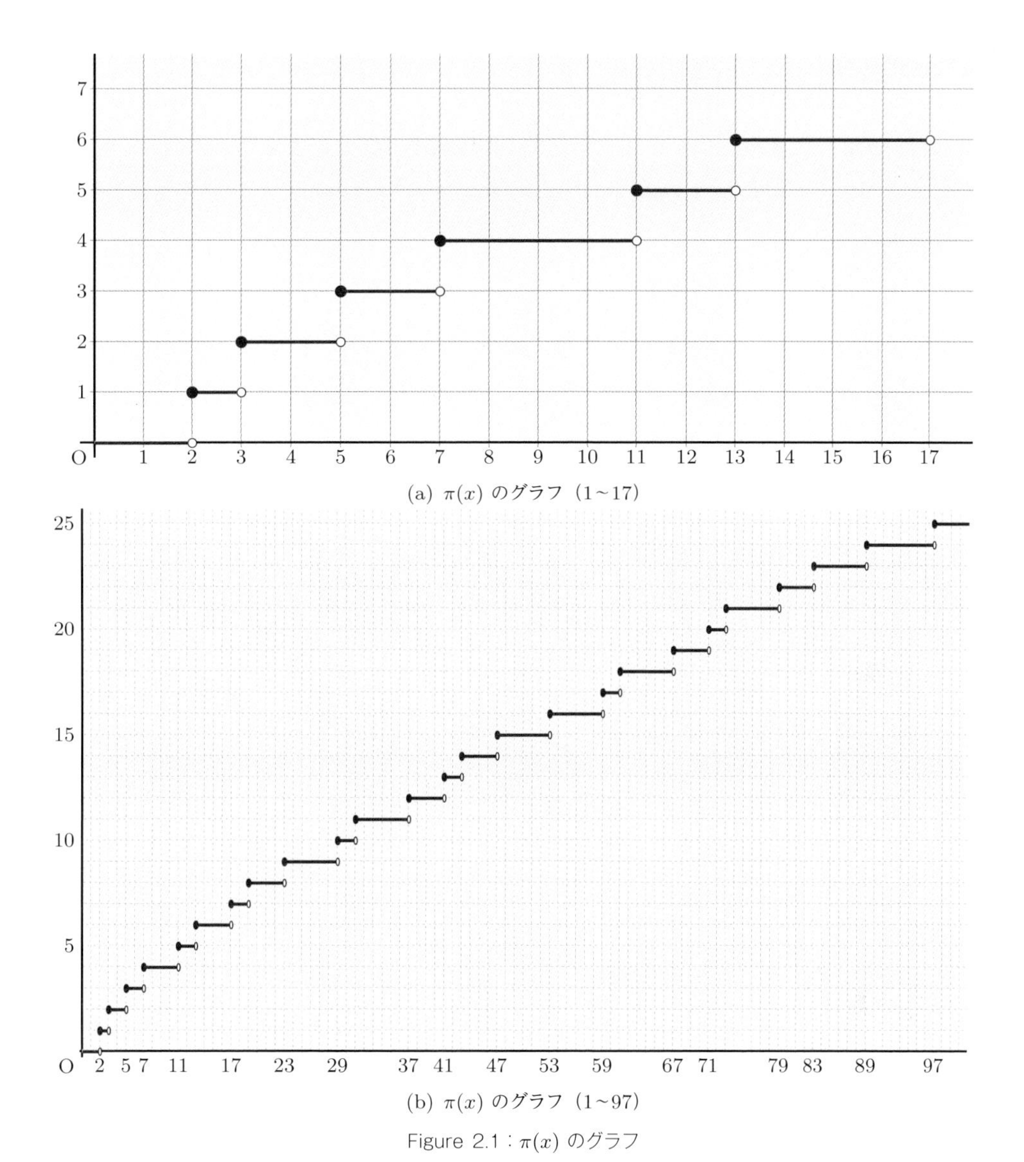

(a) $\pi(x)$ のグラフ（1~17）

(b) $\pi(x)$ のグラフ（1~97）

Figure 2.1：$\pi(x)$ のグラフ

$\pi(x)$ は素数でステップアップし，合成数では平らな関数である．このことを捉えて「素数階段」と言われることもある．「素数階段」を知ることは「素数の分布」を知ることに他ならない．

2.2 素数計数関数の形状

素数計数関数は，素数でステップアップする階段関数であることを見ました．素数バーコード（Figure 1）を見ると，素数の出現割合は徐々に減っていくことが分かりますので，この素数階段も徐々になだらかになっていくはずです．

Figure 2.2 は素数計数関数をマクロの視点からグラフにしたものです．(a) は 1000 までのグラフですが，ところどころ「踊り場」があることが分かります．素数バーコード（Figure 1）で見たとおり，素数は満遍なく出現するのではなく，その出現位置には偏りがあります．例えば，800 から 900 までには，809 と 811，821 と 823，827 と 829，857 と 859，881 と 883 と，5 組もの双子素数（差が 2 の素数）がありますが，900 から 1000 までには双子素数は一組もありません．また，887 から 907 の間には素数が一つもありません．Figure 2.2(a) の「踊り場」は，このような素数が出現しない区間を表しています．素数の出現場所は一様でなく偏りがあるため，グラフもガタガタになっています．

(b) は，10 万までのグラフです．ここまでマクロの視点で見ると，素数計数関数はほとんど直線状にしか見えません．地球も地上で見ると富士山やエベレストがあるなどデコボコしていますが，人工衛星から見るとほとんどきれいな球に見えます．素数計数関数のグラフも同様にマクロの視点で見るとほとんど直線にしか見えないのです．

局所的には双子素数があったり，素数の空白区間があったりと一様でない階段関数が，なぜマクロの視点で見ると滑らかな関数のように見えるのかは，多くの数学者によって，数学界で最大の謎と指摘されています．

■素数定理

素数定理は，このガタガタで不連続な関数 $\pi(x)$ を連続で滑らかな関数で近似する定理です．ガウスは，1792 年ごろ $\pi(x)$ が $\frac{x}{\log x}$ で近似できると予想しました．わずか 15 歳のときです．素数定理は，オイラー，ガウス，ルジャンドルなどそうそうたる数学者によって予想されてきましたが，彼らをしてもその証明には成功しませんでした．それから約 100 年後，リーマンはその記念碑的な論文「与えられた数より小さい素数の個数について」において，素数定理の証明を試みましたが，リーマンをもってしてもその証明には成功しませんでした．素数定理は，リーマンが論文を出してから 37 年後の 1896 年，ド・ラ・ヴァレー・プーサン（Charles Jean de la Vallée-Poussin）とアダマール（Jacques Hadamard）により，それぞれ独立に証明されました．これはオイラーの予想から約 130 年，ガウスの予想から約 100 年後のことでした．素数定理については，次節で確認します．

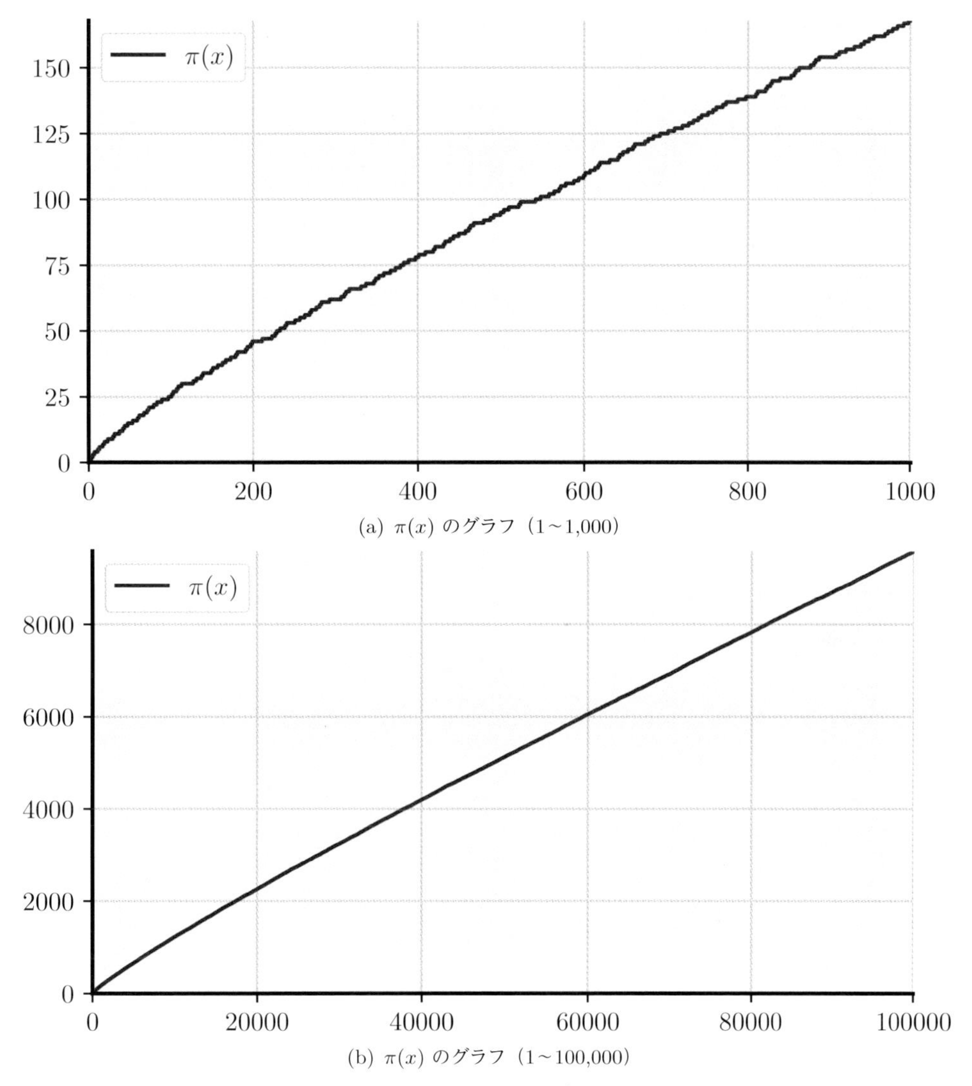

(a) $\pi(x)$ のグラフ（1～1,000）

(b) $\pi(x)$ のグラフ（1～100,000）

Figure 2.2：$\pi(x)$ のグラフ

1000 までのグラフではところどころで「踊り場」になっているところがあり，素数は満遍なく出現するのではないことが分かる．しかし，100,000（10 万）までのグラフでは，ほとんど直線のように見える．このミクロで見れば不連続な階段関数 $\pi(x)$ も，マクロで見ると滑らかに見える理由については，多くの数学者によって，数学界で最大の謎の一つと指摘されている．

2.3　素数定理入門

ガウスは，15 歳（1792 年）のころ，自然数 n 付近では素数が，概ね $\log n$ 個の自然数に 1 個の割合で存在することに気が付きました．n までの自然数において $\log n$ 個に一つの割合で素数が存在していると仮定すると，n までに存在する素数の個数 $\pi(n)$ は $\frac{n}{\log n}$ で近似できることになります．これが，最も簡単な素数定理の内容になります．

●定理 2.3.1　素数定理 1

$x \to \infty$ のとき，次が成り立つ．

$$\pi(x) \sim \frac{x}{\log x}$$

ここで，右辺の $\log x$ は自然対数（e を底数とする対数）を意味しています．工学の分野では ln と記載することもありますが，本書では log を用います．また，素数定理の $\sim$ は近似できるということを意味しており，$f(x) \sim g(x)$ とは

$$f(x) \sim g(x) \iff \lim_{x \to \infty} \frac{f(x)}{g(x)} = 1$$

を意味しています．これは，例えば $f(x)$ と $g(x)$ が多項式の場合には，最高次の次数と係数が同じであることを意味しています．

例 2.3.2

$x \to \infty$ のとき $x^3 + x + 1 \sim x^3$

つまり，$f(x) \sim g(x)$ は $x \to \infty$ のとき「同じような速さで」発散することを意味しています．

この定義より素数定理は

$$\lim_{x \to \infty} \frac{\pi(x)}{\frac{x}{\log x}} = \lim_{x \to \infty} \frac{\pi(x) \log x}{x} = 1$$

と言い換えることができます．

Figure 2.3 を見ると，$\pi(x)$ と $\frac{x}{\log x}$ は，x を大きくしたときに同じような形状で増加していることが分かります．

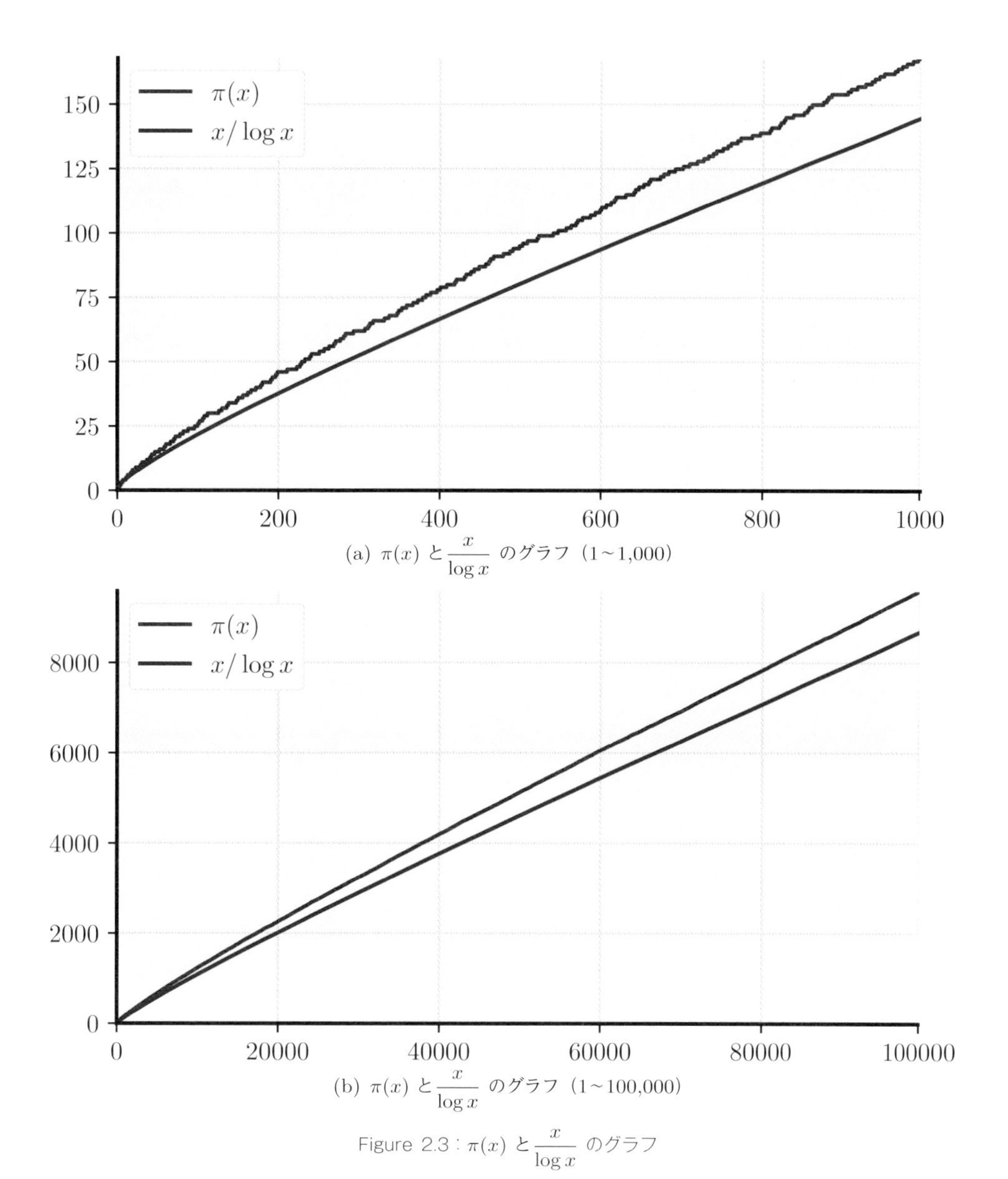

(a) $\pi(x)$ と $\dfrac{x}{\log x}$ のグラフ（1～1,000）

(b) $\pi(x)$ と $\dfrac{x}{\log x}$ のグラフ（1～100,000）

Figure 2.3：$\pi(x)$ と $\dfrac{x}{\log x}$ のグラフ

$\pi(x)$ が $\dfrac{x}{\log x}$ で近似できることを主張している．この近似は，x を自然数としたとき，x までの自然数 x 個のうち素数が $\log x$ 個に一つの割合で含まれていることを意味している．この近似は次節で精緻化される．

2.4　素数定理を精緻化する

15 歳の少年ガウスが予想したのは，x 付近の素数の出現割合は $\log x$ 個に一つということでした．この出現割合は，x が大きくなればなるほど小さくなります．（素数バーコードを思い出しましょう.）ところが，前節の素数定理では，この割合が 1 から x まですべて同じ $\log x$ であることを前提に，x 以下の素数の個数 $\pi(x)$ を $\frac{x}{\log x}$ と近似していました．しかし，素数の出現割合は実際には減少していきますので，これでは誤差が大きくなります．そこで，素数定理を精緻化してみましょう．

t 付近の素数の出現割合が $\frac{1}{\log t}$ であると仮定すると，t から $t+dt$[*1]までの素数の個数は，$\frac{dt}{\log t}$ となります．そしてこれを 2 から x まで足して $dt \to 0$ とすれば $\pi(x)$ を近似できます．$dt \to 0$ のとき，和は積分に収束するので，

$$\pi(x) \sim \sum_{t=2}^{x} \frac{dt}{\log t} \to \int_2^x \frac{1}{\log t} dt$$

となり，次の素数定理 2 が予想できます．

● 定理 2.4.1　素数定理 2

$x \to \infty$ のとき，次が成り立つ．

$$\pi(x) \sim \int_2^x \frac{1}{\log t} dt$$

右辺の積分を，**対数積分**と言い $\mathrm{Li}(x)$ で表します．Figure 2.4 は，$\pi(x)$，$\frac{x}{\log x}$，$\mathrm{Li}(x)$ のグラフです．$\mathrm{Li}(x)$ は $\pi(x)$ のかなり良い近似になっていることが分かります．

この $\mathrm{Li}(x)$ と $\frac{x}{\log x}$ との間には $\mathrm{Li}(x) \sim \frac{x}{\log x}$ という関係があります．なぜなら，部分積分を使うと

$$\begin{aligned}
\mathrm{Li}(x) &= \int_2^x \frac{1}{\log t} dt = \int_2^x \frac{(t)'}{\log t} dt \\
&= \left[\frac{t}{\log t} \right]_2^x + \int_2^x \frac{1}{(\log t)^2} dt \\
&= \cdots\cdots = \frac{x}{\log x} + \frac{x}{(\log x)^2} + \cdots \sim \frac{x}{\log x}
\end{aligned}$$

となるからです．これにより素数定理 1 と素数定理 2 は結局命題としては同値な内容であることが分かります[*2]．

＊1　ここで dt は小さい数を考えていますが，あくまでも素数定理を説明するためのものであり，あまり厳密に考える必要はありません．

＊2　これは，$\sim$ が，左辺と右辺の比が 1 に収束するという，大雑把な近似に過ぎないことを意味しています．

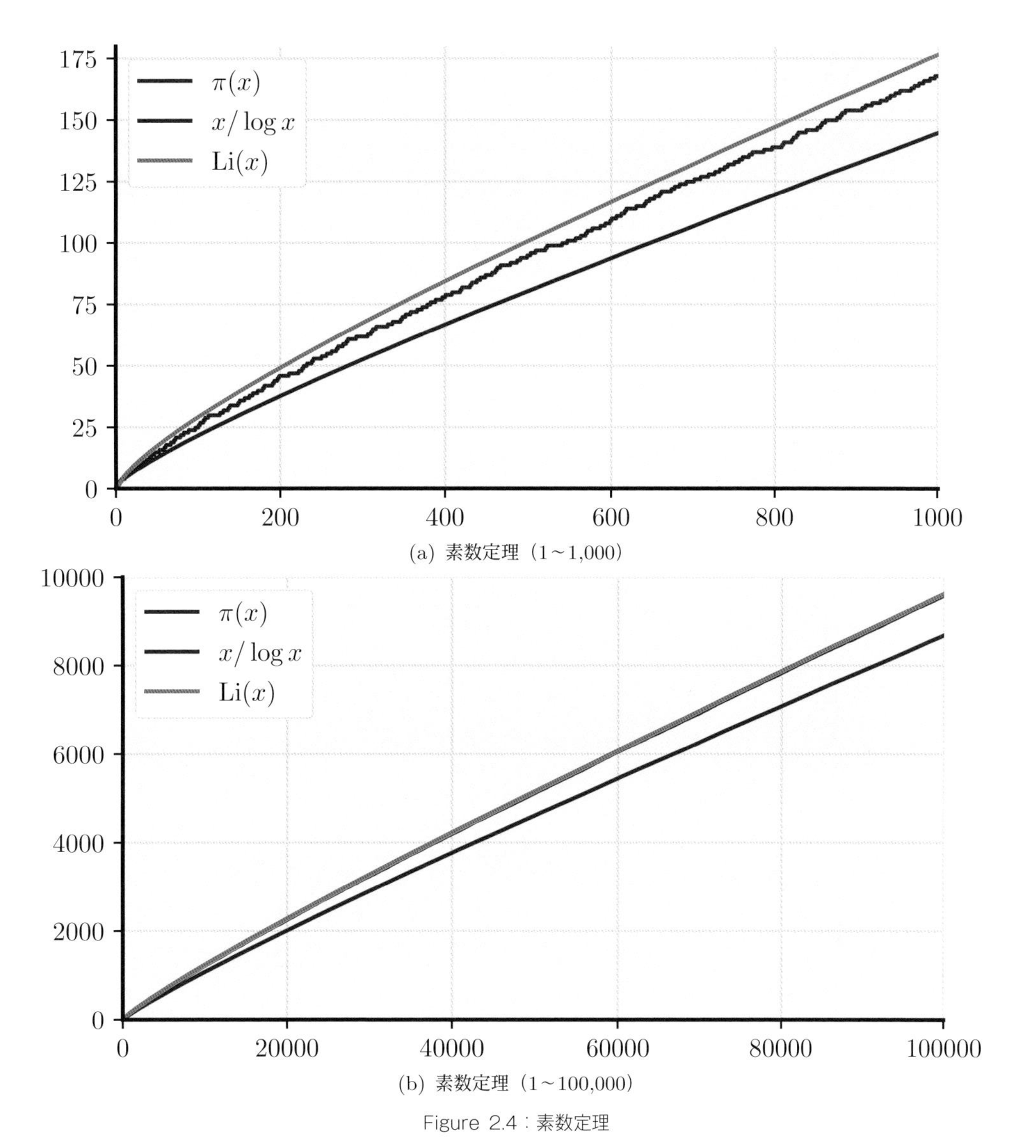

(a) 素数定理（1〜1,000）

(b) 素数定理（1〜100,000）

Figure 2.4：素数定理

素数定理は対数積分 $\mathrm{Li}(x)$ を用いて精緻化できる．(b) では，$\pi(x)$ と $\mathrm{Li}(x)$ のグラフがほとんど重なって見えることから，$\mathrm{Li}(x)$ は $\dfrac{x}{\log x}$ に比べて $\pi(x)$ の良い近似であると分かる．

Column ＞スキューズ数

素数定理は，x 以下の素数の個数 $\pi(x)$ と $\mathrm{Li}(x)$ とが，$x \to \infty$ のとき同じくらいの速さで無限大に発散することを意味しています．そして，Figure 2.4 などのグラフからは分かりにくいですが，数値計算を行うと常に $\pi(x) < \mathrm{Li}(x)$ が成り立っていると言えそうです．素数定理を予想したガウスは，常に $\pi(x) < \mathrm{Li}(x)$ が成り立つだろうと予想していましたし，リーマンも同様に予想していました．

しかしながら，この予想は誤っていることがリトルウッド（John Edensor Littlewood）によって証明されました．リトルウッドは，1914 年に，$\pi(x) > \mathrm{Li}(x)$ となる x が存在すること，しかも，$\pi(x) - \mathrm{Li}(x)$ の符号が無限回変わることを証明しました．

ただし，リトルウッドの証明では $\pi(x) > \mathrm{Li}(x)$ となる x が存在することは示されましたが，具体的な x がいくつなのかについては示されませんでした．リトルウッドの証明からしばらくの間は，いつ $\pi(x) > \mathrm{Li}(x)$ となるかについては謎のままでしたが，その後，1933 年，リトルウッドの学生であったスキューズ（Stanley Skewes）によって，そのような数の評価が与えられました．スキューズは，リーマン予想が正しいとの仮定のもとで，$\pi(x) > \mathrm{Li}(x)$ となる x が

$$e^{e^{e^{79}}}$$

以下であることを示したのです．

この数は**スキューズ数**と呼ばれ，概ね $10^{10^{10^{34}}}$ となります．当時は意味のある定理に登場する最大の数と呼ばれていました．

この上限は様々な数学者により大幅に改良がなされ，現在では 1.3983×10^{316} 付近で $\pi(x) > \mathrm{Li}(x)$ となることが分かっています．しかし，未だに $\pi(x) > \mathrm{Li}(x)$ となる具体的な数は一つも知られていません．

100 年以上前に $\pi(x) - \mathrm{Li}(x)$ の符号が無限回変わることは証明されており，必然的に $\pi(x) > \mathrm{Li}(x)$ なる x は無限にあることまで分かりましたが，現在のコンピュータの計算技術をもってしても 1.3983×10^{316} 付近に存在しているという程度のことしか分からないのです．

このエピソードは，数学上の「予想」に対する様々な示唆を与えています．我々人間が取り扱うことができる数（せいぜい，コンピュータで処理できる範囲の数）は，無限にある数の中では取るに足らない範囲であり，そのような狭い範囲で「正しい」と予想できたとしても，実際には誤っている可能性があるのです．ガウスやリーマンをもってしても誤ってしまうのです．したがって，例えば，数値計算によりリーマン予想が成り立つ範囲をどんなに大きくできたとしても，それは「取るに足らない範囲」で確認しているに過ぎず，数学的には根拠を積み上げていることにすらなりません．

他方で，そのような取るに足らない範囲での数しか取り扱えない人間が，「$\pi(x) > \mathrm{Li}(x)$ なる x は無限にある」ことは証明できます．これは，具体的な数を構成せずに，論理的な力で存在を証明できることを意味しています．具体的な数が分からなくても，存在証明は可能である．このエピソードはまさに数学の数学たる所以の一端を示しているともいえます．

ζ Part Ⅱ

ゼータ関数

第3章
ゼータ関数登場

3.1 ゼータ関数

いよいよ本書の主役であるゼータ関数が登場します．Part II では実数関数として定義しますが，いずれ Part III では複素関数と考えます．

●定義 3.1.1

次の式で定義される関数を**リーマンゼータ関数**または単に**ゼータ関数**と言う．

$$\zeta(s) = 1 + \frac{1}{2^s} + \frac{1}{3^s} + \cdots$$

例 3.1.2

$s = 2$ のとき $\zeta(2) = 1 + \frac{1}{2^2} + \frac{1}{3^2} + \ldots$

例 3.1.3

$s = 3$ のとき $\zeta(3) = 1 + \frac{1}{2^3} + \frac{1}{3^3} + \ldots$

ゼータ関数を記述する際はリーマンの伝統にしたがい，変数として x ではなく s を用います[*1]．

■ゼータ関数の収束域

Figure 3.1 はゼータ関数のグラフです．ゼータ関数は $s = 1$ で急激に大きくなることが分かります．また，ゼータ関数の定義よりゼータ関数は $s > 1$ の範囲で単調減少であることは明らかですが，Figure 3.1 よりその値は急激に小さくなっていることが分かります．

それでは，ゼータ関数がどの範囲で定義されるのか見ていきましょう．

*1　もちろん，変数を s とすることに数学的な意味はありません．x でも z でも構いませんが，慣習として s を用いることが多いということです．

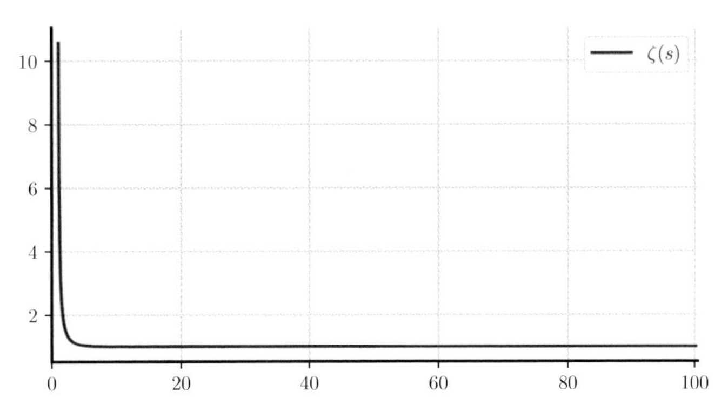

Figure 3.1：$y=\zeta(s)$ のグラフ

●定理 3.1.4　ゼータ関数の収束性

$s>1$ のとき級数

$$1+\frac{1}{2^s}+\frac{1}{3^s}+\cdots$$

は収束し，$0\leq s\leq 1$ の範囲で発散する．

証明　$s>1$ のとき収束することの証明

$s>1$ とすると，2 以上の自然数 n に対し $0<t\leq n$ となる実数 t に関し，次が成り立つ．

$$\frac{1}{n^s}\leq\frac{1}{t^s}$$

この両辺を $n-1$ から n まで t で積分をすると

$$\int_{n-1}^{n}\frac{1}{n^s}dt\left(=\frac{1}{n^s}\right)\leq\int_{n-1}^{n}\frac{1}{t^s}dt$$

が成り立つ．これを $n=2,3,4,\ldots$ で足すと

$$\frac{1}{2^s}+\frac{1}{3^s}+\frac{1}{4^s}+\cdots\leq\int_{1}^{2}\frac{1}{t^s}dt+\int_{2}^{3}\frac{1}{t^s}dt+\int_{3}^{4}\frac{1}{t^s}dt+\cdots$$

ここで右辺は，$n\to\infty$ のとき

$$\int_{1}^{+\infty}\frac{1}{t^s}dt=\left[\frac{t^{1-s}}{1-s}\right]_{1}^{+\infty}\quad\longleftarrow\ 1-s<0\ \text{のため}\ t\to\infty\ \text{とすると}\ \frac{t^{1-s}}{1-s}\to 0$$
$$=\frac{1}{1-s}$$

であるため，

$$\zeta(s)=1+\frac{1}{2^s}+\frac{1}{3^s}+\cdots$$

は収束することが分かる．$0\leq s\leq 1$ で発散することは次節で確認する．

3.2　調和級数

$s > 1$ のときゼータ関数

$$\zeta(s) = 1 + \frac{1}{2^s} + \frac{1}{3^s} + \cdots$$

は収束することが分かりました．ここでは $0 \leq s \leq 1$ のとき，この級数が発散することを見ていきます．$0 \leq s \leq 1$ のとき $\frac{1}{n^s}$ は s の（正の）単調減少関数ですので，$s = 1$ のとき

$$1 + \frac{1}{2} + \frac{1}{3} + \frac{1}{4} + \frac{1}{5} + \cdots$$

が発散することを確認すれば $0 \leq s \leq 1$ のとき発散することが分かります．

実は，これは**調和級数**と呼ばれる級数であり，調和級数が発散することと素数が無限に存在することは関係しています．調和級数は言ってみれば $\zeta(1)$ のことですので，これが「はじめに」で見た**ゼータ関数と素数の関係（その 1）**です．

ここまで何度か「級数」という用語を使ってきましたが，**級数**とは数列の和のことです．つまり，数列 a_n に対し，その和

$$\sum_{n=1}^{\infty} a_n$$

のことを**級数**と言います．

●定義 3.2.1　調和級数

級数

$$\sum_{k=1}^{\infty} \frac{1}{k} = 1 + \frac{1}{2} + \frac{1}{3} + \frac{1}{4} + \frac{1}{5} + \cdots$$

を**調和級数**と言う．

調和級数の各項 $\frac{1}{k}$ は $k \to \infty$ とすると 0 に収束します．しかし，調和級数自体は，次の補題で示すとおり発散します．このように，各項が 0 に収束する場合でも，級数が発散することはあります．調和級数は，このような級数の典型例であると言えます．

● 補題 3.2.2

調和級数は $+\infty$ に発散する．すなわち，

$$\sum_{k=1}^{\infty} \frac{1}{k} = +\infty$$

証明方法はいくつかありますが，ここでは，14 世紀の数学者オレーム（Nicole Oresme）によるシンプルな証明をご紹介します．

証明

調和級数を次のように分ける*2．

$$1 + \left(\frac{1}{2}\right) + \left(\frac{1}{3} + \frac{1}{4}\right) + \left(\frac{1}{5} + \frac{1}{6} + \frac{1}{7} + \frac{1}{8}\right) + \cdots$$

このとき，二つ目の赤の括弧の中身は，

$$\frac{1}{3} + \frac{1}{4} > \frac{1}{4} + \frac{1}{4} = \frac{1}{2}$$

となる．また，三つ目の青の括弧の中身は

$$\frac{1}{5} + \frac{1}{6} + \frac{1}{7} + \frac{1}{8} > \frac{1}{8} + \frac{1}{8} + \frac{1}{8} + \frac{1}{8} = \frac{1}{2}$$

となる．以降も同様に分けていけば，それぞれが $\frac{1}{2}$ 以上であることが分かる．よって，

$$1 + \left(\frac{1}{2}\right) + \left(\frac{1}{3} + \frac{1}{4}\right) + \left(\frac{1}{5} + \frac{1}{6} + \frac{1}{7} + \frac{1}{8}\right) + \cdots > 1 + \frac{1}{2} + \frac{1}{2} + \frac{1}{2} + \cdots$$

であるが，右辺は $+\infty$ に発散する．よって，左辺の調和級数も $+\infty$ に発散する．

オレームは調和級数の各項をうまくまとめて，その一つひとつの和が $\frac{1}{2}$ より大きいことを示しました．$\frac{1}{2}$ が無限に作れますので，全体としては発散します．

*2 ここでは，級数のうちの途中のいくつかの項の和を先に計算しています．つまり，級数の和の順番を変えています．しかし，一般的には級数の和の順序を変えると値が変わってしまいます．ただし，級数の各項がすべて正の数の場合（正項級数と言います．）は，和をとる順番を変えても値は変わりません．調和級数は正項級数であるため，和をとる順番を変えることができます．

3.3 調和級数による素数の無限性の証明

調和級数が発散することを用いて，素数が無限にあることを再び証明してみましょう．

素数を p とすると，$0 < \frac{1}{p} < 1$ ですので，等比数列の和の公式*3より，

$$\frac{1}{1-\frac{1}{p}} = 1 + \frac{1}{p} + \frac{1}{p^2} + \frac{1}{p^3} + \cdots$$

が成り立ちます．例えば，$p = 2, 3$ のときは，

$$\frac{1}{1-\frac{1}{2}} = 1 + \frac{1}{2} + \frac{1}{2^2} + \frac{1}{2^3} + \cdots$$

$$\frac{1}{1-\frac{1}{3}} = 1 + \frac{1}{3} + \frac{1}{3^2} + \frac{1}{3^3} + \cdots$$

この両辺を掛けると

$$\begin{aligned}\frac{1}{1-\frac{1}{2}} \cdot \frac{1}{1-\frac{1}{3}} &= \left(1 + \frac{1}{2} + \frac{1}{2^2} + \frac{1}{2^3} + \cdots\right)\left(1 + \frac{1}{3} + \frac{1}{3^2} + \frac{1}{3^3} + \cdots\right) \\ &= 1 + \frac{1}{2} + \frac{1}{3} + \frac{1}{2^2} + \frac{1}{2 \cdot 3} + \frac{1}{3^2} + \frac{1}{2^2 \cdot 3}\end{aligned}$$

と展開できます*4．これを見ると，$\frac{1}{2^i 3^j}$ の項が必ず 1 回ずつ出現することが分かります．つまり，

$$\frac{1}{1-\frac{1}{2}} \cdot \frac{1}{1-\frac{1}{3}} = \sum_{i,j \geq 0} \frac{1}{2^i 3^j}$$

です．この式の右辺は，素因数分解したときに 2 と 3 のみを素因数としてもつ自然数 $n = 2^i 3^j$ の逆数の和となっています．

同様に，素数 2, 3, 5 について考えると

$$\frac{1}{1-\frac{1}{2}} \cdot \frac{1}{1-\frac{1}{3}} \cdot \frac{1}{1-\frac{1}{5}} = \sum_{i,j,k \geq 0} \frac{1}{2^i 3^j 5^k}$$

となります．

同様に，素数 2, 3, 5, 7 について考えると

$$\frac{1}{1-\frac{1}{2}} \cdot \frac{1}{1-\frac{1}{3}} \cdot \frac{1}{1-\frac{1}{5}} \cdot \frac{1}{1-\frac{1}{7}} = \sum_{i,j,k,l \geq 0} \frac{1}{2^i 3^j 5^k 7^l}$$

となります．

このように素数を増やしていっても同様の式が成り立つことが分かります．

---

*3　$-1 < r < 1$ のとき $\frac{1}{1-r} = 1 + r + r^2 + r^3 + \cdots$ というものです．

*4　無限級数にも関わらず展開が可能なのは右辺が正項級数だからです．

ここで，素数が有限個しかないと仮定しましょう．そして，その有限個のすべての素数に対して同じ操作をします．すると，左辺は，

$$\prod_{p:\text{素数}} \frac{1}{1-\frac{1}{p}}$$

という形になります[*5]．素数は有限個しかないと仮定していますので，この積は有限の値をとります．

また，右辺は素因数分解の一意性（定理 1.1.1）を用いると

$$\sum_{p_j:\text{素数}} \frac{1}{p_1^{i_1} p_2^{i_2} \cdots p_r^{i_r}} = 1 + \frac{1}{2} + \frac{1}{3} + \frac{1}{4} + \cdots$$

が成り立ちます．前節のとおり右辺の調和級数は発散しますが（補題 3.2.2），左辺は有限の値をとるので，これは矛盾です．これにより，**素数の無限性が再び証明されました！** つまり，**ゼータ関数が $s = 1$ で発散することと素数が無限にあることとは関連があると分かりました．**

また，この式変形において，素数 p の代わりに p^s を考えると

$$\frac{1}{1-\frac{1}{p^s}} = 1 + \frac{1}{p^s} + \frac{1}{p^{2s}} + \frac{1}{p^{3s}} + \cdots$$

となり，これに対して，調和級数の場合と同様の式変形を行うと次の定理が得られます．

● 定理 3.3.1 ゼータ関数のオイラー積表示

$s > 1$ において，次が成り立つ．

$$\zeta(s) = \prod_{p:\text{素数}} \frac{1}{1-\frac{1}{p^s}}$$

この右辺を**オイラー積**と言い，ゼータ関数をオイラー積で表すことを**ゼータ関数のオイラー積表示**と言います．このオイラー積表示は，**ゼータ関数と素数とを結びつける**，**ゼータ関数に関する最も重要な式**の一つです．

*5 ここで $\prod$ は総乗記号であり，$\prod_{p:\text{素数}}$ は，p が素数を動くときの（すべての）積をとることを意味します．

レオンハルト・オイラー

オイラー（Leonhard Euler，1707 年 4 月 15 日–1783 年 9 月 18 日）は，後述のガウスとともに，人類史上最高の数学者の一人です．人類史上最も多くの論文を書いた数学者であり，その全集は現時点においても刊行が続いています．

1707 年にスイスのバーゼルで生まれ，13 歳でバーゼル大学に入学し，1723 年に哲学修士を取得しています．オイラーは 1735 年にバーゼル問題（§ 4.1）を解いて一躍有名になりました．

30 代のころから視力が弱くなり，60 歳を過ぎて完全に視力を失いますが，驚くべきことにその後も数学の研究は精力的に続けられ，それは 76 歳で亡くなるまで続いたと言われています．オイラーにとっては，数学を行うのに紙と鉛筆すら必要がなかったのです．

■オイラー積と素数

ゼータ関数のオイラー積（定理 3.3.1）は，

自然数に関する和 = 素数に関する積

という形になっており，この一つの式だけで素因数分解の一意性（つまり，「任意の自然数は素因数分解ができること」と「その素因数分解の方法が一意的であること」の両方）を表しています．

$$\sum_{n=1}^{\infty}\frac{1}{n^s}=\left(1+\frac{1}{2^s}+\frac{1}{2^{2s}}+\cdots\right)\left(1+\frac{1}{3^s}+\frac{1}{3^{2s}}+\cdots\right)\left(1+\frac{1}{5^s}+\frac{1}{5^{2s}}+\cdots\right)\cdots$$

なぜなら，もし，自然数 n が素因数分解できないと仮定すると，右辺のように分解できないことになります．（右辺を展開した項に $\frac{1}{n^s}$ の項が現れないことになります．）また，もし，自然数 n の素因数分解が一意的ではなく 2 通りの分解方法があるとすると，右辺を展開した結果に $\frac{2}{n^s}$ という項が現れるはずです．このように，オイラー積表示は，この一つの式の中に素因数分解の一意性が織り込まれているのです．

このオイラー積表示は，ゼータ関数と素数とを関係づける唯一の式です．Part VIII ではこの式を用いて，素数の分布とゼータ関数の関係を解き明かします．

第4章
バーゼル問題 —$\zeta(2)$ の値—

4.1 バーゼル問題

自然数の逆数の和である調和級数

$$1+\frac{1}{2}+\frac{1}{3}+\frac{1}{4}+\cdots$$

が発散すること，そして，このことから，素数の無限性を証明できることが分かりました．それでは，逆数の 2 乗の和はどうなのか？という問いを発するのは自然なことです．ゼータ関数の言葉を使うと「$\zeta(2)$ を求めよ」，それが**バーゼル問題**と言われる問題です．すでに，自然数の 2 乗の逆数の和

$$1+\frac{1}{2^2}+\frac{1}{3^2}+\frac{1}{4^2}+\cdots$$

が収束することは証明しています（定理 3.1.4）．果たしてこれはいくつに収束するのでしょうか．

■バーゼルとは

「バーゼル」とはスイスの都市の名前です．現在では銀行の自己資本規制が決められた町として有名ですが，17 世紀から 18 世紀にかけて，数学者一家であるベルヌーイ一家やオイラーが生まれ活躍した都市です．バーゼルの地でこの問題に多くの数学者が挑戦したことから，後にバーゼル問題と呼ばれるようになりました．

オイラーは，1735 年，驚くべき方法でバーゼル問題を解き，一躍，数学界で有名になりました．本章では，オイラーと同様の方法によりバーゼル問題を解きます．

4.2　$\sin x$ のテイラー展開

オイラーは，1735 年，バーゼル問題を「$\sin x$ のテイラー展開」と「$\sin x$ の無限乗積展開」という二つの表示方法を比べることにより証明しました．本節では，前者のテイラー展開について見ていきます．

命題 4.2.1　$\sin x$ のテイラー展開

任意の実数 x に対し次が成り立つ．

$$\sin x = x - \frac{1}{3!}x^3 + \frac{1}{5!}x^5 - \frac{1}{7!}x^7 + \cdots$$

$\sin x$ は無限回微分可能な関数であり，かつ各点においてテイラー展開が可能であることが知られています[*1]．$f(x) = \sin x$ とすると

$$\begin{aligned} f'(x) &= \ \ \cos x \\ f''(x) &= -\sin x \\ f'''(x) &= -\cos x \\ f''''(x) &= \ \ \sin x \end{aligned}$$

となり，$f(x) = \sin x$ は 4 回微分をすると元に戻ることが分かります．これに $x = 0$ を代入すると，

$$\begin{aligned} f'(0) &= \ \ 1 \\ f''(0) &= \ \ 0 \\ f'''(0) &= -1 \\ f''''(0) &= \ \ 0 \end{aligned}$$

です．したがって，$f(x)$ のテイラー展開は

$$\sin x = x - \frac{1}{3!}x^3 + \frac{1}{5!}x^5 - \frac{1}{7!}x^7 + \cdots$$

となります．

*1　テイラー展開の詳細な説明はしませんが，$x = 0$ を中心としたテイラー展開とは下記のことです．

$$f(x) = f(0) + f'(0)x + \frac{f''(0)}{2!}x^2 + \frac{f'''(0)}{3!}x^3 + \cdots$$

4.3 $\sin x$ の無限乗積展開

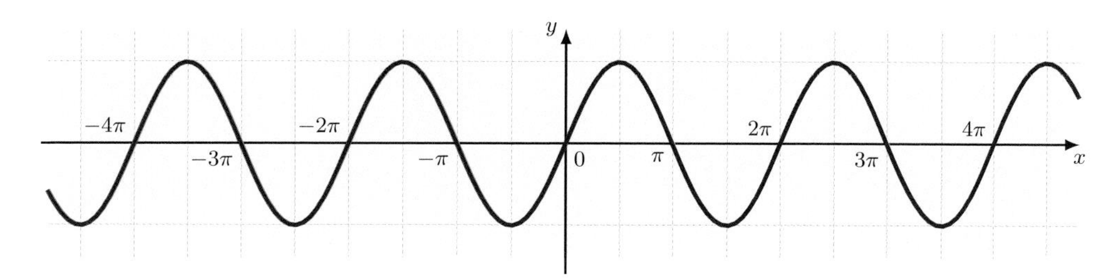

Figure 4.1：$y = \sin x$ のグラフ

Figure 4.1 は $y = \sin x$ のグラフです．このグラフから分かるとおり，$\sin x = 0$ となる x は $x = \ldots, -3\pi, -2\pi, -\pi, 0, \pi, 2\pi, 3\pi, \ldots$ です．ここで $f(x)$ が多項式だとすると，$f(x)$ は $f(x) = 0$ の解 $\alpha, \beta, \gamma, \ldots$ を使って，$f(x) = a(x-\alpha)(x-\beta)(x-\gamma)\cdots$ と因数分解できます．$\sin x$ は多項式ではありませんが，多項式と同じように因数分解できることが知られています（ワイエルシュトラスの因数分解定理，[11]）．

$\sin x = 0$ の解は $x = n\pi$（n は整数）ですので，$(x - n\pi)$ を変形した $\left(1 - \frac{x}{n\pi}\right)$ で因数分解できます*2．ここで，n は負の数を含む整数全体を動くため，

$$
\begin{aligned}
\sin x &= \cdots \left(1 + \frac{x}{2\pi}\right)\left(1 + \frac{x}{\pi}\right) x \left(1 - \frac{x}{\pi}\right)\left(1 - \frac{x}{2\pi}\right)\cdots \\
&= x\left(1 - \frac{x^2}{\pi^2}\right)\left(1 - \frac{x^2}{2^2\pi^2}\right)\cdots \\
&= x\prod_{r=1}^{\infty}\left(1 - \frac{x^2}{r^2\pi^2}\right)
\end{aligned}
$$

となります（[11] 339 頁）．

◎命題 4.3.1　$\sin x$ の無限乗積展開，オイラーの積公式

任意の x に対し次が成り立つ．

$$
\sin x = x\prod_{r=1}^{\infty}\left(1 - \frac{x^2}{r^2\pi^2}\right)
$$

*2　無限積を記述する場合 $\prod(1 + f_k(x))$ の形で記述することが多いです．

4.4　バーゼル問題を解く

準備が整いましたので，いよいよバーゼル問題を解きます．

$\sin x$ をテイラー展開すると，

$$\sin x = x - \frac{1}{3!}x^3 + \frac{1}{5!}x^5 - \frac{1}{7!}x^7 + \cdots$$

です（命題 4.2.1）．また，$\sin x$ を無限乗積展開すると

$$\sin x = x\prod_{r=1}^{\infty}\left(1 - \frac{x^2}{r^2\pi^2}\right)$$

となります（命題 4.3.1）．したがって，

$$x - \frac{1}{3!}x^3 + \frac{1}{5!}x^5 - \frac{1}{7!}x^7 + \cdots = x\prod_{r=1}^{\infty}\left(1 - \frac{x^2}{r^2\pi^2}\right) \tag{4.1}$$

が成り立ちます．この両辺の x^3 の項を比べることにより $\zeta(2)$ を求められるのです！(4.1) の右辺を展開してみましょう．

$$\begin{aligned} x\prod_{r=1}^{\infty}\left(1 - \frac{x^2}{r^2\pi^2}\right) &= x\left(1 - \frac{x^2}{\pi^2}\right)\left(1 - \frac{x^2}{2^2\pi^2}\right)\left(1 - \frac{x^2}{3^2\pi^2}\right)\cdots \\ &= x - \frac{x^3}{\pi^2} - \frac{x^3}{2^2\pi^2} - \frac{x^3}{3^2\pi^2} - \frac{x^3}{4^2\pi^2} - \cdots \end{aligned}$$

x^3 の項に着目すると，x^3 の係数は

$$-\frac{1}{\pi^2} - \frac{1}{2^2\pi^2} - \frac{1}{3^2\pi^2} - \frac{1}{4^2\pi^2} - \cdots$$

となり，平方数の逆数の和が現れます．一方 $\sin x$ のテイラー展開の x^3 の係数は $-\frac{1}{3!} = -\frac{1}{6}$ なので

$$-\frac{1}{\pi^2} - \frac{1}{2^2\pi^2} - \frac{1}{3^2\pi^2} - \frac{1}{4^2\pi^2} - \cdots = -\frac{1}{6}$$

となります．この両辺に $-\pi^2$ を掛けると

$$1 + \frac{1}{2^2} + \frac{1}{3^2} + \frac{1}{4^2} + \cdots = \frac{\pi^2}{6}$$

となり，バーゼル問題が解けました．**$\sin x$ のテイラー展開と無限乗積展開という二つの展開を比べることにより，バーゼル問題が解けた**のです！

● 定理 4.4.1　バーゼル問題

$$\zeta(2) = 1 + \frac{1}{2^2} + \frac{1}{3^2} + \frac{1}{4^2} + \cdots = \frac{\pi^2}{6} \tag{4.2}$$

この式は，自然数の 2 乗の逆数の和と円周率 π が関係していることを示していますが，なぜ円周率が出てくるのか不思議としか言いようがありません．このように，数学では，ときに全く関係がないもの同士が結びつくことがあります．むしろ，そのようなものだら

けと言ってもよいのかもしれません．

若きオイラーは，この式が円周率と関連していることを見出したばかりでなく，素数とも関係していることを発見したのでした．

オイラーは，$\sin x$ のテイラー展開と無限乗積展開を比較し，x^3 の係数を比べることによりバーゼル問題を解きましたが，この方法を用いれば，平方数以外の逆数和についても求めることができそうです．次節では，平方数以外の逆数を見ていきます．

Column ＞級数と π

バーゼル問題と同様に円周率が登場する不思議な級数として，次のようなものもあります．

（ライプニッツの公式）

$$1-\frac{1}{3}+\frac{1}{5}-\frac{1}{7}+\cdots=\frac{\pi}{4}$$

これは，$\tan^{-1} x$（$\tan x$ の逆関数）のテイラー展開

$$\tan^{-1} x=x-\frac{1}{3}x^3+\frac{1}{5}x^5-\frac{1}{7}x^7+\cdots$$

で $x=1$ とすることにより導けます．

$$\tan^{-1} 1=\frac{\pi}{4}=1-\frac{1}{3}+\frac{1}{5}-\frac{1}{7}+\cdots$$

4.5 ゼータ関数の正の偶数での値

(4.1) を再掲します．

$$x - \frac{1}{3!}x^3 + \frac{1}{5!}x^5 - \frac{1}{7!}x^7 + \cdots = x\prod_{r=1}^{\infty}\left(1 - \frac{x^2}{r^2\pi^2}\right) \tag{4.1}$$

前節では x^3 に着目しましたが，ここでは x^5 に着目します．

$$x\prod_{r=1}^{\infty}\left(1 - \frac{x^2}{r^2\pi^2}\right) = x\left(1 - \frac{x^2}{\pi^2}\right)\left(1 - \frac{x^2}{2^2\pi^2}\right)\left(1 - \frac{x^2}{3^2\pi^2}\right)\left(1 - \frac{x^2}{4^2\pi^2}\right)\cdots$$

ですが，この x^5 の項に注目すると，x^5 の係数は

$$\begin{aligned}
&\frac{1}{1^2 2^2\pi^4} + \frac{1}{1^2 3^2\pi^4} + \frac{1}{1^2 4^2\pi^4} + \cdots + \frac{1}{2^2 3^2\pi^4} + \frac{1}{2^2 4^2\pi^4} + \frac{1}{2^2 5^2\pi^4} + \cdots \\
&\quad + \frac{1}{3^2 4^2\pi^4} + \frac{1}{3^2 5^2\pi^4} + \cdots \\
&= \sum_{1 \le r_1 < r_2} \frac{1}{r_1^2 r_2^2 \pi^4} \\
&= \frac{1}{2}\left(\sum_{1 \le r_1, r_2} \frac{1}{r_1^2 r_2^2\pi^4} - \sum_{1 \le r} \frac{1}{r^4\pi^4}\right) \\
&= \frac{1}{2}\left(\left(\sum_{1 \le r} \frac{1}{r^2\pi^2}\right)^2 - \sum_{1 \le r} \frac{1}{r^4\pi^4}\right) \\
&= \frac{1}{2}\left(\frac{1}{6^2} - \sum_{1 \le r} \frac{1}{r^4\pi^4}\right)
\end{aligned}$$

です．これが，(4.1) の左辺の x^5 の係数 $\frac{1}{5!} = \frac{1}{120}$ に等しいことから，

$$\begin{aligned}
\frac{1}{2}\left(\frac{1}{36} - \sum_{1 \le r} \frac{1}{r^4\pi^4}\right) &= \frac{1}{120} \\
-\sum_{1 \le r} \frac{1}{r^4\pi^4} &= \frac{1}{60} - \frac{1}{36} = -\frac{1}{90} \\
\sum_{r=1}^{\infty} \frac{1}{r^4} &= \frac{\pi^4}{90}
\end{aligned}$$

と求められます．つまり，$\zeta(4) = \frac{\pi^4}{90}$ と分かりました！ ここでも，π が現れました．同様の方法で，$\zeta(6) = \frac{\pi^6}{945}$，$\zeta(8) = \frac{\pi^8}{9450}$ と求めることができます．このようにゼータ関数の具体的な値のことを**ゼータ関数の特殊値**と言います．

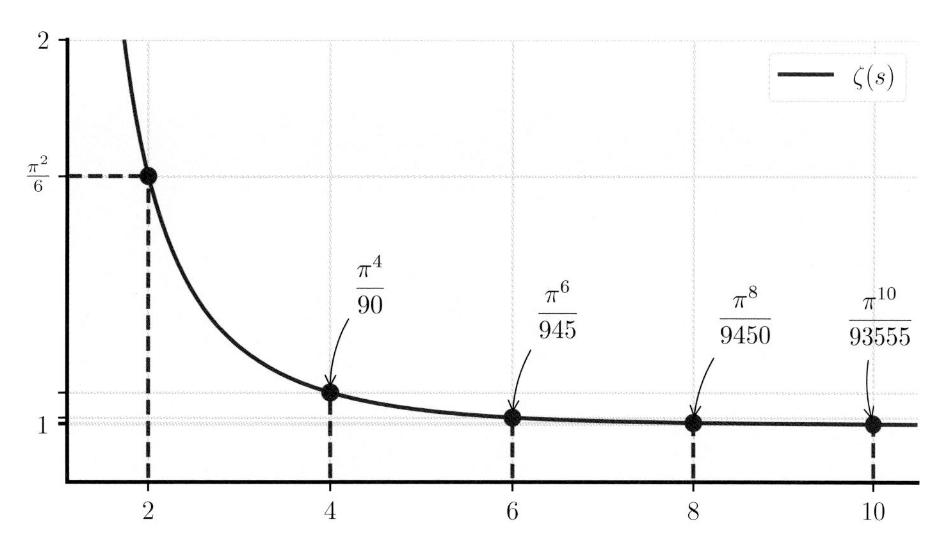

Figure 4.2：ゼータ関数の特殊値（正の偶数）

このグラフを見ると奇数におけるゼータ関数の値も同様に「有理数×π^n」という形で書けるのではないかと予想できそうである．しかしながら，そのような形には書けないことは，早くもオイラーによって予想されており，現代においても多くの数学者はそのような形に書けないだろうと考えている．ただし，未だその証明には至っていない．

Column ＞ゼータ関数の正の奇数における値

後に見るとおり，ゼータ関数の正の偶数の値はベルヌーイ数という有理数を用いて，$\zeta(2n)$ = 有理数 × π^{2n} と表すことができます（§ 14.6）．この結果を考えると，正の奇数においても「有理数 × $\pi^{\text{自然数}}$」となっているように思うかもしれません．しかしながら，オイラーを含め多くの数学者は，そのように書けないと予想しています．

ゼータ関数の正の奇数における値については，1978 年にアペリー（Roger Apéry）によって $\zeta(3)$ が無理数であると証明されました．また，2000 年には正の奇数のうちゼータ関数の値が無理数のものが無限にあること，2001 年には $\zeta(5)$，$\zeta(7)$，$\zeta(9)$，$\zeta(11)$ のうち少なくとも一つは無理数でなければならないことが証明されています．しかしながら，未だ $\zeta(5)$ が無理数であることすら証明には至っておらず，ましてや，$\zeta(5)$ がいくつになるのか具体的な値の予想すらなされていない状況です．若きオイラーがバーゼル問題を解いたのが 1735 年ですので，アペリーが $\zeta(3)$ の無理数性を証明するまでにはそれから 240 年以上の歳月が必要だったことになります．いかに正の奇数を扱うことが難しいのか分かると思います．

4.6 ウォリスの公式

本章の締めくくりとして，$\sin x$ の無限乗積展開（命題 4.3.1）を用いてウォリスの公式という不思議な公式を導出してみます．この結果は § 17.5 で必要となります．

$\sin x$ の無限積展開（命題 4.3.1）

$$\sin x = x\prod_{n=1}^{\infty}\left(1-\frac{x^2}{n^2\pi^2}\right) = x\left(1-\frac{x^2}{\pi^2}\right)\left(1-\frac{x^2}{4\pi^2}\right)\left(1-\frac{x^2}{9\pi^2}\right)\cdots$$

において $x=\frac{\pi}{2}$ を代入してみます．すると

$$\begin{aligned} 1 &= \frac{\pi}{2}\left(1-\frac{1}{4}\right)\left(1-\frac{1}{4\cdot 4}\right)\left(1-\frac{1}{9\cdot 4}\right)\cdots \\ &= \frac{\pi}{2}\left(\frac{3}{4}\right)\left(\frac{15}{16}\right)\left(\frac{35}{36}\right)\cdots \end{aligned} \tag{4.3}$$

となります．ここで，第 n 項は $\left(1-\dfrac{1}{n^2\cdot 4}\right)=\dfrac{4n^2-1}{(2n)^2}=\dfrac{(2n-1)(2n+1)}{(2n)^2}$ であることから (4.3) は

$$1 = \frac{\pi}{2}\prod_{n=1}^{\infty}\frac{(2n-1)(2n+1)}{(2n)^2}$$

と変形でき，次の**ウォリスの公式**を示すことができました．

● 命題 4.6.1　ウォリスの公式

$$\prod_{n=1}^{\infty}\frac{(2n)^2}{(2n-1)(2n+1)} = \frac{\pi}{2}$$

ウォリスの公式を具体的に書き下すと

$$\frac{2\cdot 2}{1\cdot 3}\cdot\frac{4\cdot 4}{3\cdot 5}\cdot\frac{6\cdot 6}{5\cdot 7}\cdot\frac{8\cdot 8}{7\cdot 9}\cdots = \frac{\pi}{2}$$

となります．つまり，次のような順番で，1 の後に二つずつ自然数を並べて分母と分子にするとその結果が $\frac{\pi}{2}$ になるという，なんとも不思議な公式です．上述のとおり，この結果は後に使います．

$$\begin{array}{cccccccccc} 2 = & 2 & 4 = & 4 & 6 = & 6 & 8 = & 8 & 10 & \\ \uparrow & \downarrow & \uparrow & \downarrow & \uparrow & \downarrow & \uparrow & \downarrow & \uparrow & \cdots = \frac{\pi}{2} \\ 1 & 3 = & 3 & 5 = & 5 & 7 = & 7 & 9 = & 9 & \end{array}$$

ζ

Part III

imaginaryな世界へ ようこそ

第5章 複素数乗とは

5.1 定義域を複素数へ拡張する

Part III では，ゼータ関数の定義域を複素数に拡張します．これによって，ゼータ関数に複素関数論を適用することができます．リーマン予想は，この定義域を複素数に拡張したゼータ関数に関して，その零点がどこにあるのかという予想です．そのため，リーマン予想を理解するには，複素数を考えることは必須だと言えます．

リーマン予想は，つまるところ「素数の分布」の精度を今よりも上げるというものですが，すると疑問が生じます．なぜ「素数の分布」を考えるのに，複素数を考えなければいけないのでしょうか？

「素数」は，1 と自身以外の約数をもたない自然数ですので，「素数」は整数の性質です．しかし，その分布を考えるうえでは，整数を考えるだけでは十分でないことは，すでにオイラーやガウスらによって認識されていました．ガウスは，少年時代に x 以下の素数の割合 $\dfrac{\pi(x)}{x}$ が $\dfrac{1}{\log x}$ で近似できることに気が付いていましたが，この $\log x$ は，正の実数で定義された微分可能な関数（解析関数）です．このように，「素数の分布」を近似的に考えるだけでも，すでに整数の世界だけでは十分でないことが分かります．

ゼータ関数も，実数関数と考えているだけではその真価を見出すことはできません．複素関数と考えることによって，はじめて，その零点と素数との間に密接な関係があることが分かるのです．その観点から，リーマン予想を理解するためには，複素関数の基礎を理解するのは必須と言えます．Part III では，本書で使用する複素関数論の基本的な事項をまとめています[*1]．

それでは，複素数の世界へ旅立ちましょう．

＊1　本書では，複素関数論の基本的な定理を本書に必要な範囲で参照していますが，詳細な説明は行っていません．詳細については，複素関数論のテキストを参照してください．

5.2 複素平面

最初に複素数の基本的な用語を確認しておきます（Figure 5.1）．複素数 $z = x + iy$ に対して x を z の**実部**，y を**虚部**と言い，それぞれ $\mathrm{Re}\, z$，$\mathrm{Im}\, z$ と記載します．また，複素平面上で原点と z との距離 $\sqrt{x^2 + y^2}$ を z の**絶対値**と言い，$|z|$ で表します．さらに，複素平面上で原点と z を結ぶ直線と実軸（正の方向）との角度を z との**偏角**と言い，$\arg z$ で表します．次の例のとおり，偏角は一意に定まるわけではなく，$2n\pi$（n は整数）分の自由度があります．偏角が一意に定まらないことは，後に「複素数の複素数乗」を考える際のポイントとなります．

例 5.2.1

複素数 $z = -3 - 3i$ を考える (Figure 5.1)．すると，実部 $\mathrm{Re}\, z = -3$，虚部 $\mathrm{Im}\, z = -3$，絶対値 $|z| = \sqrt{(-3)^2 + (-3)^2} = 3\sqrt{2}$ である．また，Figure 5.1 のとおり，偏角 $\arg z$ は $\frac{5}{4}\pi$ とも $-\frac{3}{4}\pi$ とも考えられる．（この他，偏角の取り方はいくらでもある．）

このように，偏角は $2n\pi$ 分の自由度があります．

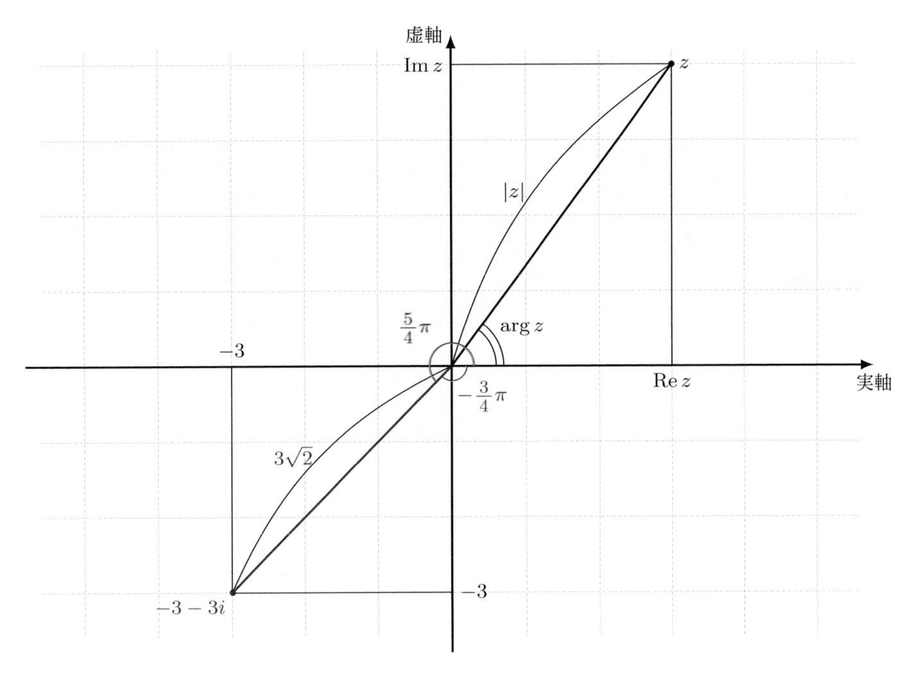

Figure 5.1：複素平面上の絶対値と偏角

5.3 オイラーの公式

■オイラーの公式

次の定理 5.3.1 は世界で最も美しいと称されるオイラーの公式です.

●定理 5.3.1　オイラーの公式

θ を複素数とするとき次が成り立つ.

$$e^{\theta i} = \cos\theta + i\sin\theta$$

ここで, e とは**自然対数の底**であり, **ネイピア数**またはオイラー数と呼ばれています. 具体的には, $e = 2.71828\ldots$ と続く無理数です. この公式の左辺は, **e という正の数の θi 乗, つまり複素数乗**という形になっています. ゼータ関数の定義域を複素数に拡張する際に,「正の数の複素数乗」を定義する必要がありますが, まさにその形です. 次節では, オイラーの公式を用いて「正の数の複素数乗」を考えます.

オイラーの公式は θ が実数の場合だけでなく任意の複素数に対して成り立ちますが, その場合は $\sin\theta$ や $\cos\theta$ も複素数になります. ここでは θ を実数に限定して考えます. θ が実数の場合は $\sin\theta$ と $\cos\theta$ も実数になるので, 絶対値は

$$|e^{\theta i}| = \sqrt{\cos^2\theta + \sin^2\theta} = 1$$

となり, $e^{\theta i}$ は複素平面の単位円上にあることが分かります. また, Figure 5.2(a) のとおり, $e^{\theta i}$ の偏角は, θ であることが分かります.

オイラーの公式を用いると, 任意の複素数 z (ただし 0 でない) に対し, 絶対値を r, 偏角を θ とすれば

$$z = re^{\theta i}$$

と表すことができます. これを, **複素数の極座標表示**と言います.

●命題 5.3.2　複素数の極座標表示

0 でない複素数 z の絶対値を r, 偏角を θ とすると次が成り立つ.

$$z = re^{\theta i}$$

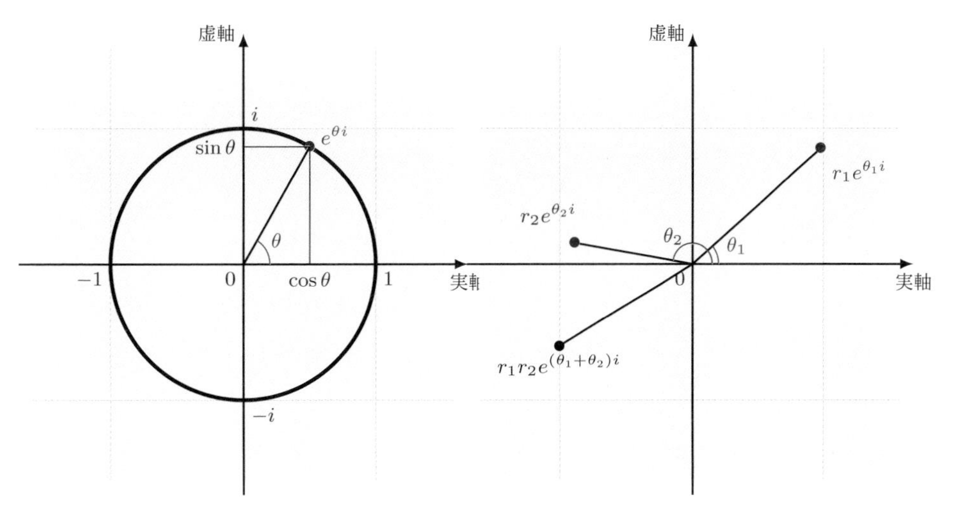

(a) オイラーの公式　　(b) 複素数の積

Figure 5.2：複素平面

■複素数の積

z_1，z_2 を複素数とし，それぞれの絶対値を r_1，r_2，偏角を θ_1，θ_2 とします．すると，$z_i = r_ie^{\theta_i i}$ $(i = 1, 2)$ と表すことができ（命題 5.3.2），z_1，z_2 の積を考えると

$$
\begin{aligned}
z_1z_2 &= r_1e^{\theta_1 i}r_2e^{\theta_2 i} \\
&= r_1r_2e^{(\theta_1+\theta_2)i}
\end{aligned}
$$

となります．つまり，z_1z_2 の絶対値は，z_1 の絶対値と z_2 の絶対値の積 r_1r_2 に，z_1z_2 の偏角は，z_1 の偏角と z_2 の偏角の和 $\theta_1 + \theta_2$ になるのです．

また，複素数の絶対値は原点からの距離なので，三角不等式も成立します．以上をまとめると次が成り立ちます．

命題 5.3.3　複素数の性質

複素数 z_1，z_2 に対して次が成り立つ．

(i) $|z_1z_2| = |z_1||z_2|$

(ii) $\arg(z_1z_2) = \arg z_1 + \arg z_2$

(iii) $|z_1 + z_2| \leq |z_1| + |z_2|$

5.4　正の数の複素数乗

オイラーの公式は「正の数の複素数乗」の形になっています．これを使い，一般の正の数について「正の数の複素数乗」を求めてみましょう．

正の実数 x を e^y の形に表すことができれば，オイラーの公式を使うことができそうです．これは対数 log を用いて

$$x = e^{\log x}$$

と表すことができます．すると，この式の i 乗は

$$x^i = e^{i \log x}$$

と考えることができ，この右辺は，オイラーの公式により

$$e^{i \log x} = \cos(\log x) + i \sin(\log x)$$

となります．つまり，

$$x^i = \cos(\log x) + i \sin(\log x)$$

により，正の実数 x の i 乗が定義できました．これを利用して，複素数 $s = \sigma + i\tau$ に対し，x の s 乗を次のように定義します．

●定義 5.4.1　正の数の複素数乗の定義

x を正の実数，$s = \sigma + \tau i$ を複素数とするとき x^s を

$$x^s = x^\sigma x^{\tau i} = x^\sigma e^{(\tau \log x)i}$$

と定義する．

このように正の実数に対して複素数乗が定義できました．この定義から，その絶対値と偏角も分かります．x^s の絶対値 $|x^s|$ は，$x^\sigma = x^{\mathrm{Re}\, s}$ となります．なぜなら，定義より $|x^s| = |x^\sigma||e^{i\tau \log x}|$ が成り立ちますが，$|e^{i\tau \log x}| = 1$ だからです．この x^s の絶対値が $x^{\mathrm{Re}\, s}$ となるという性質は，**ゼータ関数の定義域を考えるうえで非常に重要**です．また，定義より，x^s の偏角は $\tau \log x = \mathrm{Im}\, s \cdot \log x$ となります．

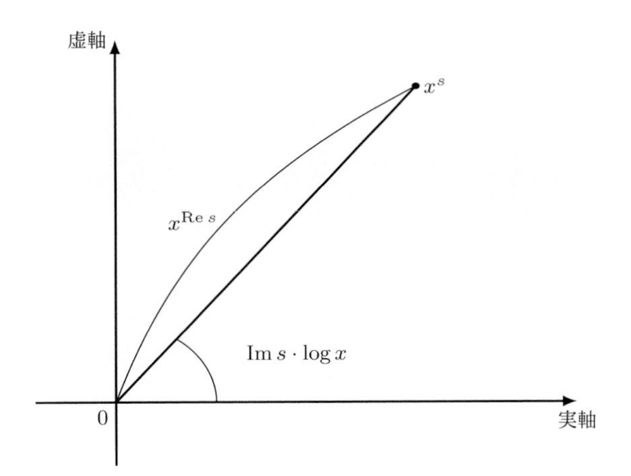

Figure 5.3：正の数の複素数乗

正の数 x, 複素数 s に対して, x^s は, 絶対値が $x^{\mathrm{Re}\,s}$, 偏角が $\mathrm{Im}\,s \cdot \log x$ となる複素数である.

命題 5.4.2　x^s の絶対値と偏角

x を正の実数, $s = \sigma + i\tau$ を複素数（σ, τ は実数）とすると, 次が成り立つ.

$$|x^s| = x^\sigma = x^{\mathrm{Re}\,s}$$

$$\arg x^s = \log x^\tau = \tau \log x$$

つまり, x^s は絶対値が $x^{\mathrm{Re}\,s}$, 偏角が $\mathrm{Im}\,s \cdot \log x$ の複素数である.

例 5.4.3

2^{i+2} を考える.

$$2^{i+2} = 2^2 2^i = 4e^{i \log 2} = 4\cos(\log 2) + 4\sin(\log 2)i$$

であるため, $|2^{i+2}| = 2^2 = 4$, $\arg 2^{i+2} = \log 2$ となっている.

5.5 複素数の複素数乗

次いで複素数の複素数乗を考えます．例えば，i^i はいくつになるでしょうか？ オイラーの公式より $i = e^{\frac{\pi}{2}i}$ と表すことができますので，$i^i = e^{\frac{\pi}{2}i \cdot i} = e^{-\frac{\pi}{2}}$ と考えることができそうです．しかし，何か問題はないでしょうか？

上述のとおり，偏角の取り方は一意的ではなく，$2n\pi$ の自由度があります．i の偏角も例えば $-\dfrac{3}{2}\pi$ と考えることもできます．すると，$i = e^{-\frac{3}{2}\pi i}$ と書くこともできますので，この i 乗を考えると $i^i = e^{\frac{3}{2}\pi}$ となってしまいます．しかし，$e^{\frac{3}{2}\pi}$ は $e^{-\frac{\pi}{2}}$ とは異なります．

このように「複素数の複素数乗」は，偏角の取り方によって値が変わってしまいます*2．とはいえ，偏角の取り方さえ決めれば，値は一つに決まります．上の例では，i の偏角を $\dfrac{\pi}{2}$ と決めれば $i^i = e^{-\frac{\pi}{2}}$ と定義できます．

そこで，偏角の取り方を固定したうえで「複素数の複素数乗」を定義しましょう．偏角の取り方は，多くの場合，$0 \leq \theta < 2\pi$ か $-\pi \leq \theta < \pi$ のどちらかを採用します*3．このように，偏角の範囲を限定すれば偏角は一意に決めることができます．偏角の取り方を決めれば複素数 z（ただし 0 でない）に対して絶対値 $r > 0$，偏角 θ を用いて

$$z = re^{\theta i}$$

と表すことができます．偏角の取り方を固定していますので，この表現は一意的です．これにより，複素数の複素数乗を

$$z^s = r^s e^{s\theta i}$$

と定義できます．ここで，r^s は正の数の複素数乗であり，前節で定義されています．また，$e^{s\theta i}$ はオイラーの公式により定義されます．以上より「複素数の複素数乗」が定義できました．これをまとめると次のようになります．

●定義 5.5.1　複素数の複素数乗

複素数 $z\ (\neq 0)$ の絶対値を r とし，偏角を θ と固定する．このとき，複素数 s に対し

$$z^s = r^s e^{s\theta i}$$

と定義する．z^s は z の偏角の取り方に依存する多価関数であり，偏角を一つ定めることにより z^s は一つ定まる．

*2　このような関数のことを「多価関数」と言います．
*3　本書では，このどちらも使いますのでその都度指定することとします．

■複素数の対数

複素数の対数を定義します．ここでもやはり，偏角の取り方は一つ固定しておきます．すると，0 でない複素数 z に対し，絶対値 r と偏角 θ を用いて

$$z = re^{\theta i}$$

と一意的に表すことができます．そこで，この対数を

$$\begin{aligned}\log z &= \log(re^{\theta i}) \\ &= \log r + \log(e^{\theta i}) \\ &= \log r + \theta i\end{aligned}$$

と定義します．ここで，r は正の数であるため $\log r$ は通常の対数です．このように，偏角 θ はいろいろな取り方があるため，偏角の取り方ごとに対数の値は決まります．偏角の取り方を一つ固定すれば，対数も一意的に決まります．

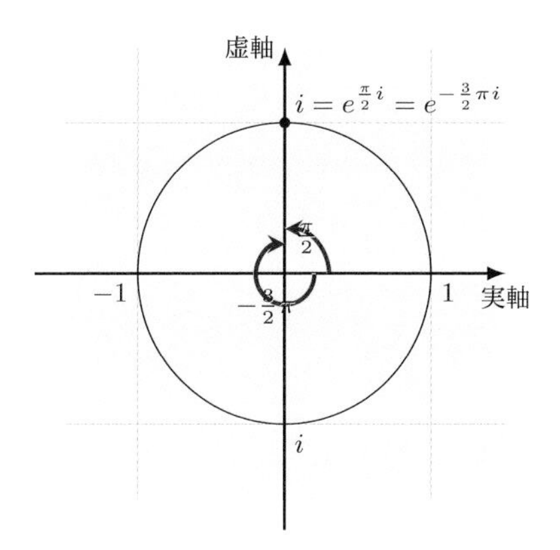

Figure 5.4：i^i と $\log i$

i の偏角は $\frac{\pi}{2}$ とも $-\frac{3}{2}\pi$ とも考えられる．（この他，偏角の取り方はいくらでもある．）この偏角の取り方ごとに，i^i や $\log i$ は決まる．

●定義 5.5.2　複素数の対数

0 でない複素数 z について，$z = re^{\theta i}$ とし偏角 θ を固定する．このとき，$\log z$ を次のように定義する．

$$\log z = \log r + \theta i$$

5.6　ゼータ関数の定義域を複素数へ拡張する

ここまで，ゼータ関数 $\zeta(s)$ の変数 s は実数と考えていましたが，ここからは s を複素数と考え，ゼータ関数を複素関数と考えましょう．ゼータ関数の定義式

$$\zeta(s) = 1 + \frac{1}{2^s} + \frac{1}{3^s} + \cdots$$

において，s の定義域を複素数とすると，一つひとつの項である $\frac{1}{n^s}$ は正の数の複素数乗ですので，すでに定義されています．そこで，このゼータ関数が値をもつためには，この無限和が収束することを確認する必要があります．

三角不等式（命題 5.3.3(iii)）と $\frac{1}{n^s}$ の絶対値は $\frac{1}{n^{\mathrm{Re}\,s}}$ になる（命題 5.4.2）ことを用いると

$$\left|\sum_{n=1}^{\infty} \frac{1}{n^s}\right| \leq \sum_{n=1}^{\infty} \left|\frac{1}{n^s}\right| = \sum_{n=1}^{\infty} \frac{1}{n^{\mathrm{Re}\,s}}$$

となります．すると，定理 3.1.4 より，この級数は $\mathrm{Re}\,s > 1$ のときに収束することが分かります．（s が複素数の場合でも $\mathrm{Re}\,s$ は実数なので定理 3.1.4 を使うことができます．）つまり，ゼータ関数は $\mathrm{Re}\,s > 1$ のとき，複素関数として絶対収束[*4]することが示せました．このゼータ関数が収束する $\mathrm{Re}\,s > 1$ の領域を**ゼータ関数の絶対収束域**と言います．また，証明は省略しますが，定理 3.1.4 と同様に，$\mathrm{Re}\,s \leq 1$ で発散します[*5]．

●定理 5.6.1　ゼータ関数の絶対収束域

s を複素数とするとき，

$$\zeta(s) = 1 + \frac{1}{2^s} + \frac{1}{3^s} + \cdots$$

は $\mathrm{Re}\,s > 1$ において絶対収束する．また，この級数は $\mathrm{Re}\,s \leq 1$ で発散する．

*4　級数が**絶対収束する**とは，級数の各項の絶対値をとった級数が収束することを意味します．絶対収束する級数は，和の順序を変えることができるなど，取り扱いやすい性質をもっています．

*5　この級数が発散するからといって，ゼータ関数がこの範囲で定義できないわけではありません．実際，ゼータ関数は $s = 1$ では定義できませんが，それ以外の複素数で（この級数とは異なる方法で）定義できます．

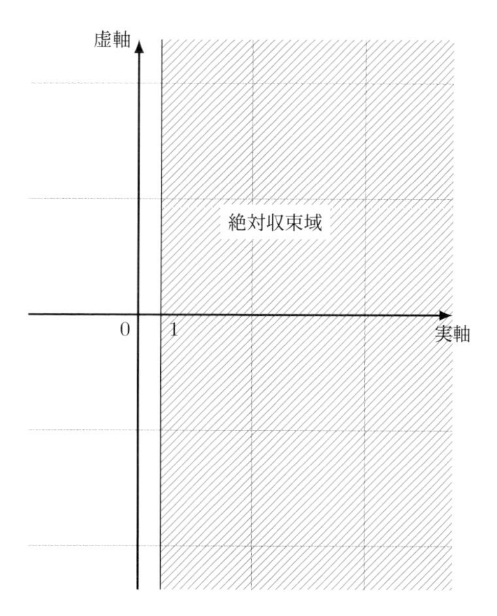

Figure 5.5：絶対収束域

■絶対収束域におけるオイラー積表示

ゼータ関数は，絶対収束域で収束しており，この範囲では定理 3.3.1 と同様に，ゼータ関数をオイラー積の形で表すことができます．なぜなら，オイラー積表示が成立するのは，素因数分解の一意性が成り立っていたためです．そして，$n = p_1 p_2 \cdots p_m$ と（重複も込めて）素因数分解できるとき（s が複素数の場合でも）$n^s = p_1^s p_2^s \cdots p_m^s$ となるため，定理 3.3.1 と同様の方法によりオイラー積表示が成り立つことを示せるからです．しかも，このオイラー積をもつことから，**ゼータ関数は絶対収束域で零点をもたない**[*6]ことが分かります．

●定理 5.6.2　ゼータ関数のオイラー積表示・絶対収束域での非零性

絶対収束域 $\mathrm{Re}\, s > 1$ において，次が成り立つ．

$$\zeta(s) = \prod_{p:\text{素数}} \frac{1}{1 - \frac{1}{p^s}}$$

したがって，$\zeta(s)$ は，絶対収束域 $\mathrm{Re}\, s > 1$ において，零点をもたない．

*6　一般論としてオイラー積のような無限積が収束するという条件の一つに，極限値が 0 にならないという条件が含まれています．

5.7　ゼータ関数の微分

複素関数がある領域[*7]で微分可能（複素微分可能）であるとき**正則**であると言い，正則な関数を**正則関数**と言います．「微分可能（複素微分可能）」について詳細には触れませんが，実数関数の場合と同様に $\lim_{t\to 0}\frac{f(z_0+t)-f(z_0)}{t}$ が収束する場合，$f(z)$ は $z=z_0$ で複素微分可能と言います．実数関数の場合と異なり，正則関数を**微分した関数は再び正則関数**となります．その結果，**正則関数は無限回微分可能**な関数となります．また，正則関数は常に**テイラー展開可能**です．このように，正則関数は実数関数とは異なる非常に良い性質をもっています．

本節では，ゼータ関数の微分を考えます．

■ゼータ関数の各項の微分

ゼータ関数の正則性を考える前に，一つひとつの項が微分可能（正則）であることを確認します．自然数 n を一つ固定して $\frac{1}{n^s}$ の微分を考えます．

$$f_n(s)=\frac{1}{n^s}$$

とすると，$f_n(s)$ は全複素平面で定義された正則関数となり，その微分は（実数関数の場合と同様に）

$$f_n'(s)=-\log n\cdot n^{-s}=-\frac{\log n}{n^s}$$

となります．

■ゼータ関数の微分

ゼータ関数は

$$\zeta(s)=1+\frac{1}{2^s}+\frac{1}{3^s}+\frac{1}{4^s}+\cdots$$

と定義されています．本書では省略しますが，級数の微分可能性を調べるには，級数が広義一様収束していることを示せば十分です．ゼータ関数の定義式は，$\mathrm{Re}\, s>1$ において広義一様収束していることを示せますので，項別微分可能であることが示されます．

したがって，ゼータ関数は正則関数であり，その微分は，項ごとに微分することで求められます．以上より，次が成り立ちます．

●定理 5.7.1　ゼータ関数の微分

ゼータ関数は絶対収束域 $\mathrm{Re}\, s>1$ で正則であり，次が成り立つ．

$$\zeta'(s)=-\frac{\log 2}{2^s}-\frac{\log 3}{3^s}-\frac{\log 4}{4^s}-\cdots$$

*7　**領域**とは複素平面上の空でない連結開集合を意味します．

第6章 正則関数の零点とポール

6.1 零点とポール（極）はなぜ重要か

ゼータ関数は絶対収束域 $\mathrm{Re}\, s > 1$ において正則であることが分かりました．Part V 以降では，ゼータ関数に正則関数の一般論，つまり，複素関数論を適用していきます．そのため，複素関数論の一般論をある程度は知っておかなければなりません．その際に最も基本となる事項は，正則関数の零点とポール（極）です．

Part II では，$\zeta(2) = \frac{\pi^2}{6}$ などのゼータ関数の特殊値を求めました．これはこれで非常に興味深い性質です．しかし，素数の分布を考えるうえでは，あまり重要ではありません．素数の分布を考えるうえで根本的に重要なのは，ゼータ関数の零点とポールです．「はじめに」で述べたとおり，リーマンは，素数の分布をゼータ関数の零点とポールの言葉で書き換えたのでした．その観点から，零点とポールについて基本的な事項を知っておくことは必須と言えます．

この章では一般的な正則関数について零点とポールを定義し，その性質について見ていきます．

6.2 正則関数の零点

正則関数 $f(z)$ に対して，$f(z_0) = 0$ となる z_0 のことを $f(z)$ の**零点**と言います．正則関数はテイラー展開可能ですので，

$$f(z) = a_0 + a_1(z - z_0) + a_2(z - z_0)^2 + \cdots \quad (a_n \text{ は複素数})$$

と展開できます．$f(z_0) = 0$ のため $a_0 = 0$ となります．そこで $a_n \neq 0$ となる最小の n を零点 z_0 の**位数**と言い，位数 n の零点のことを **n 位の零点**と言います．零点の定義より $n \geq 1$ となります．上記のように $f(z)$ は z_0 の近傍でテイラー展開可能であるため，

$$\begin{aligned} f(z) &= (z - z_0)^n \left(a_n + a_{n+1}(z - z_0) + a_{n+2}(z - z_0)^2 + \cdots\right) \\ &= (z - z_0)^n f_1(z) \end{aligned}$$

と分解できます．ここで，$f_1(z)$ は z_0 の近傍で正則で $f_1(z_0) \neq 0$ となります[*1]．零点の位数の定義より次の命題が成り立ちます．

● 命題 6.2.1

$f(z)$ が z_0 の近傍で正則であるとき，次は同値である．

(i) z_0 は $f(z)$ の位数 n の零点である．

(ii) z_0 の近傍で $f(z) = (z - z_0)^n f_1(z)$ と分解できる．ここで $f_1(z)$ は z_0 の近傍で 0 とならない正則関数である．

(iii) $\displaystyle \lim_{z \to z_0} \frac{f(z)}{(z - z_0)^n}$ が存在して，その値は 0 でない．

証明

(i)⇔(ii) は上記のとおり．(ii)⇔(iii) も比較的容易に示すことができる．

例 6.2.2

$f(z) = z^2 - 2z + 1 = (z - 1)^2$ は $z = 1$ を零点としてもち，位数は 2 である．

例 6.2.3

$\displaystyle \lim_{z \to 0} \frac{\sin z}{z} = 1$ であるから，命題 6.2.1(iii) より，$f(z) = \sin z$ の零点 $z = 0$ の位数は 1 である．

*1　つまり，n 位の零点とは，多項式の場合の n 乗根に相当するものです．

■**共通零点**

$f(z)$，$g(z)$ を z_0 の近傍で正則な二つの関数とし，z_0 をこの二つの関数の共通零点とします．このとき，次の命題が成り立ちます．

命題 6.2.4

二つの関数 $f(z)$，$g(z)$ が z_0 の近傍で正則とする．また，z_0 は，$f(z)$ の n 位の零点であり，同時に $g(z)$ の m 位の零点であるとする．このとき次が成り立つ．

(i)　z_0 は $f(z)g(z)$ の $n+m$ 位の零点となる．
(ii)　$n > m$ のとき，z_0 は $\dfrac{f(z)}{g(z)}$ の $n-m$ 位の零点となる．
(iii)　$n = m$ のとき，$\dfrac{f(z)}{g(z)}$ は z_0 の近傍で 0 とならない正則関数となる．

(i)　命題 6.2.1(ii) より $f(z) = (z-z_0)^n f_1(z)$，$g(z) = (z-z_0)^m g_1(z)$ と分解できる．ここで $f_1(z_0) \neq 0$，$g_1(z_0) \neq 0$ なので，$f_1(z_0)g_1(z_0) \neq 0$ である．したがって，$f(z)g(z) = (z-z_0)^{n+m} f_1(z)g_1(z)$ と分解できる．再び命題 6.2.1(ii) より $f(z)g(z)$ の z_0 の位数は $n+m$ である．
(ii)　同様に $\dfrac{f(z)}{g(z)} = (z-z_0)^{n-m}\dfrac{f_1(z)}{g_1(z)}$ であり，命題 6.2.1(ii) より $\dfrac{f(z)}{g(z)}$ の z_0 の位数は $n-m$ である．
(iii)　同様に $\dfrac{f(z)}{g(z)} = \dfrac{f_1(z)}{g_1(z)}$ であり $f_1(z)$，$g_1(z)$ は z_0 の近傍で 0 とならない正則関数である．

例 6.2.5

$f(z) = \sin z$，$g(z) = z$ とすると，$z = 0$ は，$f(z)$ と $g(z)$ の共通零点であり，どちらも位数は 1 である．そこで，命題 6.2.4(iii) より $h(z) = \dfrac{\sin z}{z}$ は 0 の近傍で 0 とならない正則関数となる．したがって

$$h(z) = \begin{cases} \dfrac{\sin z}{z} & (z \neq 0) \\ 1 & (z = 0) \end{cases}$$

と $h(z)$ を定義すれば，$h(z)$ は $z \neq 0$ のみならず $z = 0$ の近傍でも正則になる．

z_0 が $g(z)$ の零点である場合，本来 $\dfrac{f(z)}{g(z)}$ は $z = z_0$ では（分母が 0 となるため）定義できません．しかし，z_0 が $f(z)$ の零点であり（つまり，$f(z)$ と $g(z)$ の共通零点であり），その位数が $g(z)$ の位数と同じかそれより大きい場合，命題 6.2.1(ii)(iii) より，$\dfrac{f(z_0)}{g(z_0)} = \lim_{z \to z_0}\dfrac{f(z)}{g(z)}$ と定義することにより，$\dfrac{f(z)}{g(z)}$ は z_0 で定義することができ，z_0 の近傍で正則になります．このような z_0 を**除去可能特異点**と言います（除去可能特異点については，次々節参照）．

6.3 正則関数のポール（極）

正則関数の「ポール」(または「極」) とは「零点」と対になる概念です．例えば，$f(z)=z$ という関数を考えると，$z=0$ は零点ですが，$f(z)$ の逆数 $\frac{1}{f(z)}=\frac{1}{z}$ では $z=0$ はポールになっています．

「ポール」の正確な定義をしましょう．最初に z_0 の「除外近傍」という概念を定義します．**z_0 の除外近傍**とは，（小さな）$\varepsilon>0$ に対して $\{z \mid 0<|z-z_0|<\varepsilon\}$，つまり z_0 を中心とした ε 近傍で中心 z_0 を除外した集合を意味します．上の例からも分かるとおり，z_0 がポールのとき $f(z)$ は z_0 では値がありませんので，$f(z)$ の正則性を考える場合は z_0 を除いた近傍で考える必要があります．$f(z)$ が z_0 の除外近傍で正則で

$$\lim_{z\to z_0}|f(z)|=\infty$$

のとき，つまり，z を z_0 に近づけたとき絶対値が ∞ に発散する場合，z_0 を**ポール（pole）または極**と言います．この定義より，

$$z_0 \text{ は } f(z) \text{ のポール} \iff z_0 \text{ は } \frac{1}{f(z)} \text{ の零点}$$

が成り立ちます*2．z_0 が $f(z)$ のポールのとき，z_0 は $\frac{1}{f(z)}$ の零点となるため，その零点の位数を n とおきます．このとき n を z_0 の（$f(z)$ のポールとしての）**位数**と言います．つまり，z_0 が $f(z)$ のポールであるとき z_0 は $\frac{1}{f(z)}$ の零点となり，この零点としての位数をポールの位数と言います．また，位数 n のポールのことを **n 位のポール**と言います．

z_0 が $f(z)$ の n 位のポールであるとき，z_0 は $\frac{1}{f(z)}$ の n 位の零点であるため命題 6.2.1(ii) より

$$\frac{1}{f(z)}=(z-z_0)^n g(z),\ g(z_0)\neq 0$$

と分解できます．したがって，

$$f(z)=\frac{1}{(z-z_0)^n g(z)},\ g(z_0)\neq 0$$

となり，$h(z)=\frac{1}{g(z)}$ とおくと

$$f(z)=\frac{h(z)}{(z-z_0)^n},\ h(z_0)\neq 0$$

となります．また，この逆も成り立ちます．

*2　$\displaystyle\lim_{z\to z_0}\frac{1}{f(z)}=0$ となるため，z_0 は $\frac{1}{f(z)}$ の除去可能特異点となり，$\frac{1}{f(z)}$ は z_0 で 0 と定義することにより正則となります．

以上より，次が成り立ちます．

命題 6.3.1

$f(z)$ が z_0 の除外近傍で正則であるとき，次は同値である．

(i)　z_0 は $f(z)$ の位数 n のポールである．

(ii)　$f(z) = \dfrac{f_1(z)}{(z-z_0)^n}$ とすると，$f_1(z)$ は z_0 で 0 とならない z_0 を含む近傍で正則な関数である．

(iii)　$\displaystyle\lim_{z \to z_0}(z-z_0)^n f(z)$ が存在して，その値は 0 でない．

例 6.3.2

$f(z) = \dfrac{1}{(z-1)^2}$ とすると $z=1$ は $f(z)$ のポールでありその位数は 2 である．

■共通ポール

z_0 を $f(z)$，$g(z)$ の共通ポールとするとき次が成り立ちます．命題 6.3.1 を使うことにより比較的容易に示せますので，証明は省略します．

命題 6.3.3

二つの関数 $f(z)$，$g(z)$ が z_0 の除外近傍で正則とする．また，z_0 は $f(z)$ の n 位のポールであり，同時に $g(z)$ の m 位のポールであるとする．このとき次が成り立つ．

(i)　z_0 は $f(z)g(z)$ の $n+m$ 位のポールとなる．

(ii)　$n > m$ のとき，z_0 は $\dfrac{f(z)}{g(z)}$ の $n-m$ 位のポールとなる．

(iii)　$n = m$ のとき，$\dfrac{f(z)}{g(z)}$ は z_0 の近傍で 0 とならない正則関数となる．

6.4 除去可能特異点

■零点とポールの関係

前節のとおり，「ポールの位数」は，「逆数にした関数の零点の位数」と定義しましたので，ポールの位数と零点の位数は統一的に考えることができます．次のように零点の位数を正とし，ポールの位数を負としましょう．ただし，同じ「位数」という用語を用いると混乱するため，「オーダー」を定義します．

$f(z)$ の $z = z_0$ での**オーダー $\mathbf{Ord}(f, z_0)$** を

$$\mathrm{Ord}(f, z_0) = \begin{cases} n & (z_0\text{が位数 } n \text{ の零点のとき}) \\ 0 & (z_0\text{が零点でもポールでもないとき}) \\ -m & (z_0\text{が位数 } m \text{ のポールのとき}) \end{cases}$$

と定義します．すると，命題 6.2.1 と命題 6.3.1 を次の定理に統一したうえで，さらに，零点とポールが混在する場合も一つの式で表すことができるようになります．

●定理 6.4.1　零点とポールの関係

$f(z)$，$g(z)$ に対して次が成り立つ．

$$\mathrm{Ord}(f \cdot g, z_0) = \mathrm{Ord}(f, z_0) + \mathrm{Ord}(g, z_0)$$

$m = \mathrm{Ord}(f, z_0)$ とすると，$z = z_0$ が $f(z)$ の零点の場合でも，ポールの場合でも，また，どちらでもない場合でも，$z = z_0$ の近傍で $f(z) = (z - z_0)^m f_1(z)$（$f_1(z)$ は z_0 で 0 とならない正則関数[*3]）と分解できること（命題 6.2.1(ii)，命題 6.3.1(ii)）より示すことができる．

例 6.4.2

z_0 が $f(z)$ の n 位の零点であり，$g(z)$ の m 位のポールのとき $\mathrm{Ord}(f, z_0) = n$，$\mathrm{Ord}(g, z_0) = -m$ となり，定理 6.4.1 より $\mathrm{Ord}(f \cdot g, z_0) = n - m$ である．したがって，

(i) $n = m$ のとき $f(z)g(z)$ は z_0 の近傍（z_0 を含む）で正則であり，z_0 は零点でもポールでもない．

(ii) $n > m$ のとき $f(z)g(z)$ は z_0 の近傍（z_0 を含む）で正則であり，z_0 は $n - m$ 位の零点となる．

(iii) $n < m$ のとき $f(z)g(z)$ は z_0 の除外近傍で正則であり，z_0 は $m - n$ 位のポールとなる．

＊3　なお，正則であるため $f_1(z)$ は z_0 でポールにはなりません．

■除去可能特異点

z_0 が $f(z)$ のポールであるとき，$f(z)$ は z_0 では定義されていませんが，z_0 の除外近傍では定義されており正則になっています．このように，$f(z)$ は z_0 では定義されていないものの z_0 の除外近傍では正則である場合，z_0 のことを $f(z)$ の**特異点**であると言います．ポールは典型的な特異点です．

例えば，

$$f(z) = \frac{\sin z}{z}$$

を考えると，分母が 0 となる $z = 0$ は，$f(z)$ の特異点です．しかし例 6.2.5 で見たとおり，$z = 0$ は $f(z)$ のポールではありません．それどころか，$f(0) = 1$ と定義すれば $f(z)$ は 0 を含む 0 の近傍で正則になります．このように，z_0 の値を適切に定めることにより $f(z)$ が z_0 を含む z_0 の近傍で正則になる特異点を**除去可能特異点**と言います．

例 6.4.3

例 6.4.2 のように，z_0 が $f(z)$ の n 位の零点で，同じ z_0 が $g(z)$ の m 位のポールであるとします．このとき $n \geq m$ であれば z_0 は $f(z)g(z)$ の除去可能特異点になります．

除去可能特異点については，リーマンによる次の定理が知られています．

●定理 6.4.4　除去可能定理（リーマン）

$f(z)$ が z_0 の除外近傍で正則であるとき，次は同値である．

(i) z_0 は $f(z)$ の除去可能特異点である．
(ii) $\displaystyle\lim_{z \to z_0} f(z)$ が存在する．
(iii) $\displaystyle\lim_{z \to z_0} (z - z_0) f(z) = 0$

つまり，$f(z)$ が z_0 では定義されていなかったとしても，$\displaystyle\lim_{z \to z_0} f(z)$ が存在する場合，この定理より z_0 は除去可能特異点であることが分かります．そして，$f(z_0) = \displaystyle\lim_{z \to z_0} f(z)$ と $f(z_0)$ を定義することにより，$f(z)$ は z_0 を含む z_0 の近傍で正則になるのです．

この除去可能定理は後で何度も使いますので，心にとめておいてください．

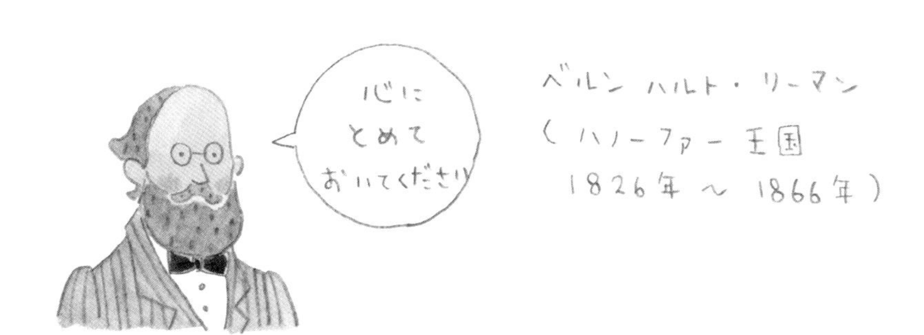

6.5 ローラン展開と留数

■ローラン展開

z_0 が正則関数 $f(z)$ の n 位のポールであるとき，命題 6.3.1 より

$$f(z) = \frac{f_1(z)}{(z-z_0)^n},\ f_1(z_0) \neq 0 \tag{6.1}$$

と分解できます．ここで $f_1(z)$ は z_0 の近傍で正則であるため，z_0 の近傍でテイラー展開可能であり，

$$f_1(z) = b_0 + b_1(z-z_0) + b_2(z-z_0)^2 + \cdots$$

とテイラー展開でき，$f_1(z_0) \neq 0$ であるため，$b_0 \neq 0$ となります．そこで (6.1) を使うと，$f(z)$ は z_0 の除外近傍で

$$\begin{aligned} f(z) &= \frac{b_0}{(z-z_0)^n} + \frac{b_1}{(z-z_0)^{n-1}} + \cdots + b_n + b_{n+1}(z-z_0) + b_{n+2}(z-z_0)^2 + \cdots \\ &= \frac{a_{-n}}{(z-z_0)^n} + \frac{a_{-n+1}}{(z-z_0)^{n-1}} + \cdots + a_0 + a_1(z-z_0) + a_2(z-z_0)^2 + \cdots \end{aligned}$$

と展開できます．ここで，$a_k = b_{k+n}$ とおきました．この展開を**ローラン展開**と言います．つまり，ポールの除外近傍で正則な関数は，そのポールの近傍で常にローラン展開可能なのです．ここで，ローラン展開をしたときに初めて出てくる項の次数（上の例では $-n$ 次の項）は，ポールの位数（の符号をマイナスとしたもの）と一致することに注意しましょう．

例 6.5.1

$f(z) = \dfrac{1}{(z-1)(z-3)}$ の $z=1$ でのローラン展開を求める．最初に $\dfrac{1}{z-3}$ の展開をすると

$$\begin{aligned} \frac{1}{z-3} = \frac{1}{(z-1)-2} &= \frac{1}{2} \cdot \frac{1}{\frac{z-1}{2} - 1} \\ &= -\frac{1}{2} \cdot \frac{1}{1 - \frac{z-1}{2}} \\ &= -\frac{1}{2} \cdot \left(1 + \frac{z-1}{2} + \frac{(z-1)^2}{4} + \frac{(z-1)^3}{8} + \cdots\right) \\ &= -\frac{1}{2} - \frac{1}{4}(z-1) - \frac{1}{8}(z-1)^2 - \frac{1}{16}(z-1)^3 - \cdots \end{aligned}$$

である (ただし，$\left|\frac{z-1}{2}\right| < 1$ の範囲で考えている.)．したがって，この式の両辺に $\dfrac{1}{z-1}$ を掛けると

$$f(z) = -\frac{1}{2}\frac{1}{z-1} - \frac{1}{4} - \frac{1}{8}(z-1) - \frac{1}{16}(z-1)^2 - \cdots$$

となる．これが $f(z)$ の $z=1$ を中心としたローラン展開である．また，これより $z=1$ は $f(z)$ のポールでありその位数は 1 であることが分かる．

6.6 留数

■留数とは

$f(z)$ を z_0 の除外近傍で正則な関数とし，z_0 を $f(z)$ のポールとします．すると，$f(z)$ は z_0 の除外近傍で

$$f(z) = \frac{a_{-n}}{(z-z_0)^n} + \frac{a_{-n+1}}{(z-z_0)^{n-1}} + \cdots + a_0 + a_1(z-z_0) + a_2(z-z_0)^2 + \cdots$$

とローラン展開できます．このとき，-1 次の係数 a_{-1} のことを $f(z)$ の z_0 における**留数**と言い，$\mathbf{Res}(\boldsymbol{f}, \boldsymbol{z_0})$ と表します*4．つまり，$\mathrm{Res}(f, z_0) = a_{-1}$ です．ポールの位数が 1 位ではない場合であっても，留数は -1 次の係数を意味します．また，ポールでない点における留数は 0 と定義します．

命題 6.6.1 留数の判定法

$f(z)$ を z_0 の除外近傍で正則な関数とする．このとき

$$\lim_{z \to z_0} (z-z_0)f(z)$$

が存在する場合，z_0 における留数 $\mathrm{Res}(f, z_0)$ はこの極限と一致する．

証明

$g(z) = z - z_0$ とすると $g(z)$ は正則関数である．仮定より $\lim_{z \to z_0} g(z)f(z)$ が存在するため，定理 6.4.4 より，$g(z)f(z)$ は z_0 で正則となる*5．z_0 は $g(z)$ の 1 位の零点であることを考えると，定理 6.4.1 より，$f(z)$ は z_0 で 1 位のポールまたは正則となる．

したがって，$f(z)$ は $z = z_0$ を中心として

$$f(z) = \frac{a_{-1}}{z-z_0} + a_0 + a_1(z-z_0) + a_2(z-z_0)^2 + \cdots$$

とローラン展開できる（ただし，$a_{-1} \neq 0$ とは限らない）．よって，

$$\begin{aligned}\lim_{z \to z_0} (z-z_0)f(z) &= \lim_{z \to z_0} \left(a_{-1} + a_0(z-z_0) + a_1(z-z_0)^2 + a_2(z-z_0)^3 \cdots\right) \\ &= a_{-1} = \mathrm{Res}(f, z_0)\end{aligned}$$

となる．

例 6.6.2

例 6.5.1 の $f(z)$ に関して $\lim_{z \to 1}(z-1)f(z) = \lim_{z \to 1} \frac{1}{z-3} = -\frac{1}{2}$ であるため，$\mathrm{Res}(f, 1) = -\frac{1}{2}$ となる．

---

*4 Res は留数（residue）の英語表記に由来します．

*5 仮に，$f(z)$ が z_0 でポールであったとしても，z_0 は $g(z)f(z)$ の除去可能特異点であるため，z_0 で正則な関数と考えることができる．

6.7 留数定理

■なぜ留数が重要か

留数とは正則関数をポールの近傍でローラン展開したときの -1 次の係数です．なぜ，-1 次の係数のみ特別な名前を付けて特別視するのでしょうか？ それは，ポールの周りで積分すると，-1 次の係数のみが意味をもつからです．これを具体例で見ていきましょう．

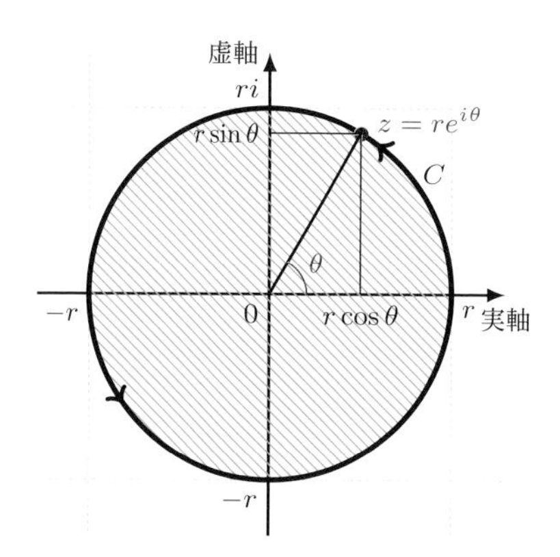

Figure 6.1：$a_m z^m$ の半径 r の円上での積分

■$a_m z^m$ の積分

単純化のために原点 $z_0 = 0$ の周りでローラン展開をしたときの各項 $a_m z^m$ を考えます．また，ポールの周りの積分として，半径 r の円周 C（向きは反時計周り）上の積分

$$\int_C a_m z^m dz \tag{6.2}$$

を考えます．z が半径 r の円周 C 上にあるときはパラメータ θ を使って $z = re^{\theta i}$ $(0 \leq \theta < 2\pi)$ と表すことができ，$dz = rie^{\theta i}d\theta$ ですので

$$(6.2) = a_m \int_0^{2\pi} r^m e^{m\theta i} \cdot rie^{\theta i} d\theta = a_m \int_0^{2\pi} ir^{m+1} e^{(m+1)\theta i} d\theta \tag{6.3}$$

です．ここで $m \neq -1$ を仮定すると

$$(6.3) = \frac{ia_m r^{m+1}}{(m+1)i} \left[e^{(m+1)\theta i} \right]_0^{2\pi} = 0$$

です．この式から，ローラン展開の各項は $m \neq -1$ のとき係数 a_m によらずに積分が 0 になることが分かります．

■$a_{-1} z^{-1}$ の積分

一方，$m = -1$ のときは

$$(6.2) = a_{-1} \int_0^{2\pi} \frac{rie^{\theta i}}{re^{\theta i}} d\theta = a_{-1} \int_0^{2\pi} i d\theta = [a_{-1}\theta i]_0^{2\pi} = a_{-1} \cdot 2\pi i$$

となります．a_{-1} は留数ですので，つまり，$(6.2) = 留数 \times 2\pi i$ となります．

以上より，ローラン展開の各項 $a_m z^m$ は，半径 r の円上で積分すると -1 次の項 $a_{-1} z^{-1}$

を除いて 0 となります．そして，-1 次の項 $a_{-1}z^{-1}$ の積分は $2\pi i \cdot a_{-1}$ となることが分かりました．これが留数定理の基礎になります．

■留数定理

正則関数 $f(z)$ をポール z_0 を中心とする円周上で積分をすると，-1 次の項を除き 0 となり，その結果 $2\pi i \cdot a_{-1}$ となることが分かりました．このように積分の結果，残るのは a_{-1} の項だけであり，これが「留数＝とどまる数[*6]」の語源です．前節では半径 r の円周上で行いましたが，任意の**単純閉曲線**[*7]でも同じことを示せます．また，前節ではポールが一つの場合について計算しましたが，複数あっても同様に計算できます．

具体的には，C を複素平面上の単純閉曲線とします．以下 C 上での積分を考えますが，この積分は C が囲む領域 D を左側に見ながら周る向きにとります．このとき，次の留数定理は，この積分が領域 D 内の $f(z)$ の留数の和で決まることを示しています．

●定理 6.7.1　留数定理

C を複素平面上の単純閉曲線とし，$f(z)$ は閉曲線 C が囲む領域上で有限個の点 z_1，z_2，…，z_n を除き正則とする．このとき次が成り立つ．

$$\int_C f(z)dz = 2\pi i \left(\mathrm{Res}(f, z_1) + \mathrm{Res}(f, z_2) + \cdots + \mathrm{Res}(f, z_n)\right)$$

ここで $\mathrm{Res}(f, z_i)$ は $f(z)$ の z_i での留数を意味していました．つまり，$\int_C f(z)dz$ は，(C が囲む領域 D 内の留数の和)$\times 2\pi i$ になるのです．特に，$f(z)$ が D 上のすべての点で正則なとき（ポールがないとき），C 上での積分は 0 となります[*8]．

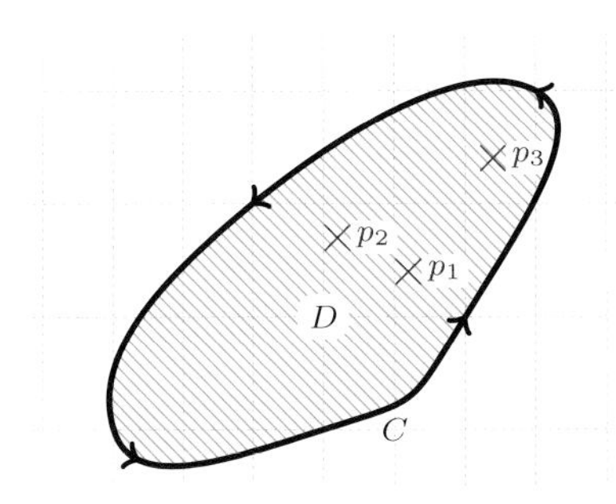

Figure 6.2：留数定理

$f(z)$ の D 内にあるポールが p_1，p_2，p_3 のみで，それぞれの留数が r_1，r_2，r_3 とすると $f(z)$ の C 上の積分 $\int_C f(z)dz$ は留数 r_1，r_2，r_3 のみに依存し $\int_C f(z)dz = 2\pi i(r_1 + r_2 + r_3)$ となる．つまり，単純閉曲線上の積分は，単純閉曲線が囲む領域内の留数の和のみに依存する．

*6　ただし，「留数」の読み方は「りゅうすう」です．
*7　単純閉曲線とは自分自身と交わらない（交差のない）閉曲線（始点と終点が同じ曲線）を意味します．
*8　これを特に**コーシーの積分定理**と言います．

■偏角の原理

後で使いますので $\dfrac{f'(z)}{f(z)}$ *9のポールと留数を求めておきます*10.

●補題 6.7.2　偏角の原理

z_0 の除外近傍で正則な関数 $f(z)$ に対して次が成り立つ.

(i) z_0 は $\dfrac{f'(z)}{f(z)}$ のポール $\Longleftrightarrow$ z_0 は $f(z)$ の零点またはポール

(ii) z_0 が $\dfrac{f'(z)}{f(z)}$ のポールであるとき z_0 は $\dfrac{f'(z)}{f(z)}$ の 1 位のポールである.

(iii) $\dfrac{f'(z)}{f(z)}$ の z_0 における留数は $f(z)$ の z_0 におけるオーダーと一致する. つまり, $\mathrm{Res}(\dfrac{f'}{f}, z_0) = \mathrm{Ord}(f, z_0)$ である.

証明

$m = \mathrm{Ord}(f, z_0)$ とおくと, m が 0 や負の整数の場合であっても

$$f(z) = (z - z_0)^m f_1(z)$$

と表すことができる. ここで $f_1(z)$ は z_0 の近傍で零点にもポールにもならない正則関数である. 対数微分 $\dfrac{f'(z)}{f(z)}$ を考えると

$$\frac{f'(z)}{f(z)} = \frac{m(z-z_0)^{m-1} f_1(z) + (z-z_0)^m f_1'(z)}{(z-z_0)^m f_1(z)} = \frac{m}{z-z_0} + \frac{f_1'(z)}{f_1(z)}$$

となる. ここで $f_1(z)$ は z_0 の近傍で零点にもポールにもならないため, $\dfrac{f_1'(z)}{f_1(z)}$ は z_0 を含む近傍で正則となる. したがって,「$m \neq 0$」$\Longleftrightarrow$「z_0 は $\dfrac{f'(z)}{f(z)}$ の 1 位のポール」である. したがって, (i)(ii) が示された.

また, 上の式から $\mathrm{Res}(\dfrac{f'}{f}, z_0) = m$ であり, (iii) も示された.

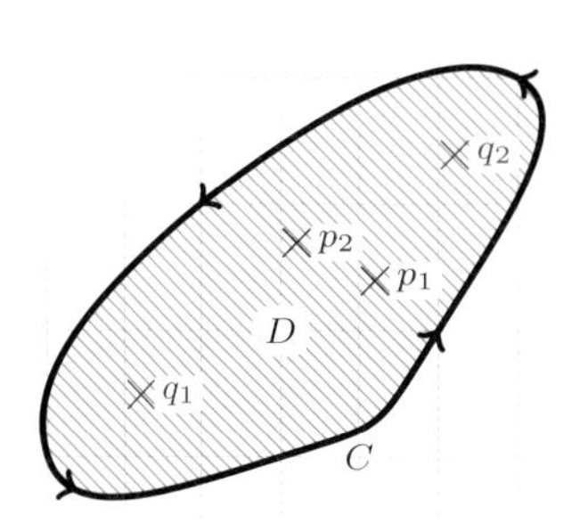

Figure 6.3：偏角の原理

$f(z)$ の D 内の零点が q_1, q_2 でありその位数が m_1, m_2 とする. また, D 内のポールが p_1, p_2 でその位数（留数ではない）が n_1, n_2 とする. すると, 対数微分 $\dfrac{f'(z)}{f(z)}$ のポールは q_1, q_2, p_1, p_2 に限られ, 位数はすべて 1 であり, 留数はそれぞれ m_1, m_2, $-n_1$, $-n_2$ となる.

*9 $\dfrac{f'(z)}{f(z)}$ のことを **$f(z)$ の対数微分**と言います.

*10 なぜこれを偏角の原理と呼ぶのかについては, 複素関数論の教科書を参照してください.

第7章 解析接続とは

7.1 ゼータ関数の定義域

§ 5.6 でゼータ関数は，絶対収束域 $\mathrm{Re}\, s > 1$ 上の正則関数（複素微分可能な関数）であることを見ました．しかし，オイラーはゼータ関数がそれよりも広い範囲で定義された関数であることを明らかにしました．オイラーは，絶対収束域の外でのゼータ関数の値，例えば，$\zeta(0)$ や $\zeta(-1)$ などを求めたのです．

しかし，ここで疑問が生じます．ゼータ関数は，$\mathrm{Re}\, s \leq 1$ で発散していたのではないか（定理 5.6.1）という疑問です．これは，もっともな疑問です．ゼータ関数の定義式

$$\zeta(s) = 1 + \frac{1}{2^s} + \frac{1}{3^s} + \cdots \tag{7.1}$$

は，確かに $\mathrm{Re}\, s \leq 1$ で発散しています（定理 5.6.1）．それにもかかわらず，なぜ $\zeta(0)$ や $\zeta(-1)$ が定義ができるのでしょうか．

実は，ゼータ関数の定義 (7.1) はゼータ関数の一面を見ているに過ぎないのです．ゼータ関数にはいろいろな姿（表示方法）があり，(7.1) はその一つに過ぎないということです．ゼータ関数を別の形で表すと，もっと広い定義域の関数だと分かります．本章では，定義域の拡大について学びます．

7.2　関数の姿

同じ関数でもいろいろな表示方法があるということを，次のような例で考えてみましょう．

$$f_1(z) = 1 + z + z^2 + z^3 + \dots$$
$$f_2(z) = \frac{1}{1-z}$$

という二つの関数を考えます．$f_1(z)$ は，公比 z の等比数列の和と考えることができ，複素平面上の単位円内 $|z| < 1$ で定義されていますが，$|z| \geq 1$ では定義されていません．例えば，$f_1(1) = 1 + 1 + 1 + \cdots$，$f_1(-1) = 1 - 1 + 1 - 1 + \cdots$ であり，どちらも収束しません．一方，$f_2(z)$ は分母が 0 にならない $z \neq 1$ で定義されており，$|z| \geq 1$ でも（$z = 1$ を除き）定義されています．$f_1(z)$ と $f_2(z)$ は見た目も定義域も異なりますが，等比級数の和の公式を使うと $|z| < 1$ の範囲で $f_1(z)$ は $f_2(z)$ と一致することが分かります．

Figure 7.1(a) は，$f_1(z)$ と $f_2(z)$ の偏角をカラーにしたカラーマップです．左側の $f_1(z)$ は単位円内でしか定義されていませんので外側は縞模様になっています．一見すると二つのカラーマップは全く別のものに見えますが，よく見ると単位円内では二つのカラーは完全に一致していることが分かります．等比数列の和の公式より，$|z| < 1$ の範囲では $f_1(z) = f_2(z)$ が成り立ちますので，偏角が等しくなるのは当然です．

この点をもう少し詳しく見ていきましょう．Figure 7.1(b) を見てください．

$f_1(z)$ の定義域は $D_1 = \{z \in \mathbb{C} \mid |z| < 1\}$ であり，$f_2(z)$ の定義域は $D_2 = \{z \in \mathbb{C} \mid z \neq 1\}$ です．

$$f_1(z) : D_1 \longrightarrow \mathbb{C}$$
$$f_2(z) : D_2 \longrightarrow \mathbb{C}$$

二つの関数の定義域には $D_1 \subset D_2$ という関係があり，どちらの関数も定義域を D_1 に制限して考えるとその値は一致しています．

$$f_1(z) = f_2(z) \quad \text{on } z \in D_1$$

つまり，D_1 に定義域を制限して考える限り $f_1(z)$ と $f_2(z)$ は同じ関数であり，あたかも **$f_2(z)$ は $f_1(z)$ の定義域を D_1 から D_2 に拡大した**ものと考えることができます．

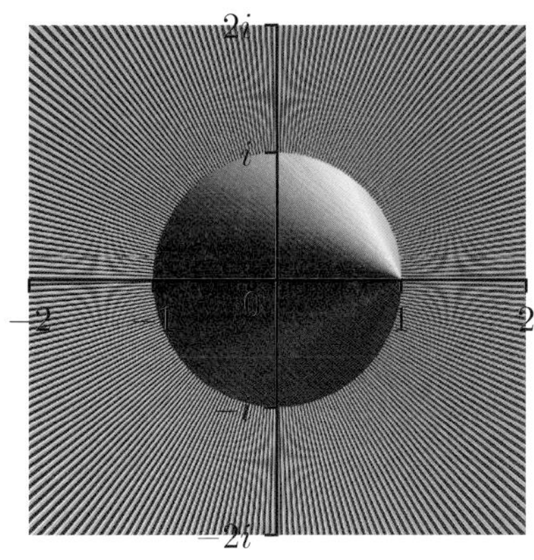

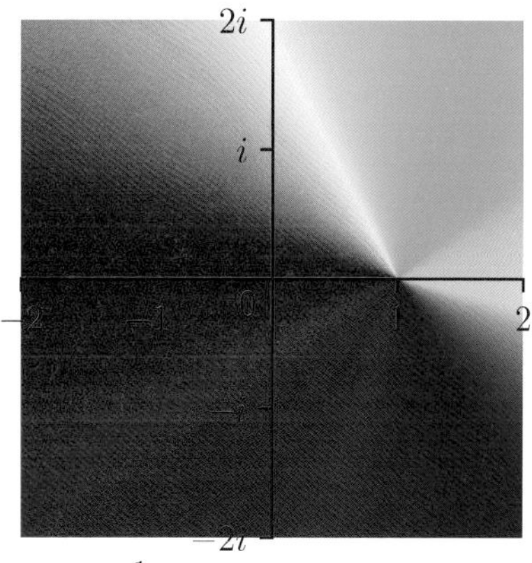

(a) $f_1(z) = 1 + z^2 + z^3 + \cdots$（左）と $f_2(z) = \dfrac{1}{1-z}$（右）のカラーマップ

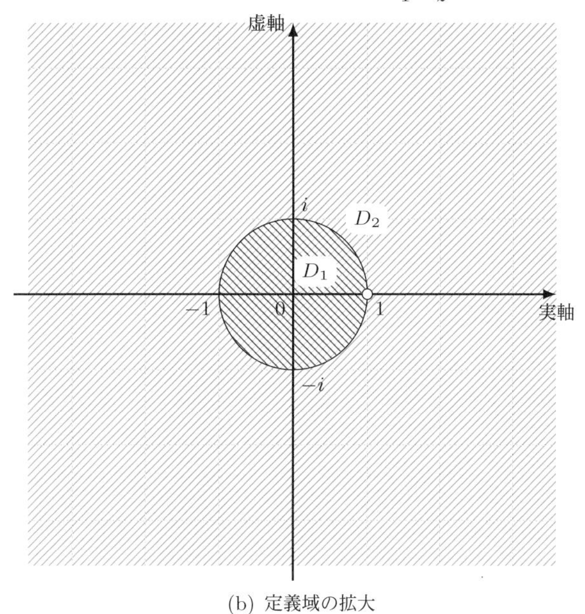

(b) 定義域の拡大

Figure 7.1：関数の姿

二つの関数 f_1，f_2 は，見た目が全く異なるが，(a) のカラーマップを見ると単位円内に限れば同じカラーを示している（つまり偏角が同じである）ことが分かる．実は，この二つの関数は，単位円内では（偏角のみならず）完全に同じ関数である．このように，関数はその見た目が異なっていても実は同じであることがある．(b) のとおり，f_1 の定義域 D_1 は f_2 の定義域 D_2 に含まれており，$D_1 \subset D_2$ である．D_1 上では $f_1(z) = f_2(z)$ であるため，$f_2(z)$ は $f_1(z)$ の定義域を D_1 から D_2 に拡大したものと考えることができる．

7.3 解析接続とは

前節の例で $f_1(z)$ は D_1 上の正則関数であり，$f_2(z)$ も D_2 上の正則関数でした．つまり，「$f_2(z)$ は正則関数 $f_1(z)$ の定義域を D_1 から D_2 に拡大した正則関数である」と考えることができます．このように，ある正則関数の定義域をより大きな定義域に正則関数のまま拡大することを，**解析接続する**と言います．

前節の例では，「$f_2(z)$ は $f_1(z)$ を解析接続したもの」と考えることができます*1．

■一致の定理

解析接続とは，正則性を保ったまま定義域を拡大することですが，その方法は複数あり得ます．しかし，どのような方法で解析接続をしたとしても，同じ定義域で定まる関数は一つに定まります．この解析接続の一意性を支える根拠が，次の「一致の定理」です．本書では，証明を行わず，結果のみ掲載しておきます．

●定理 7.3.1　一致の定理

複素平面上の領域*2 D_2 上で定義されている二つの正則関数 $f_1(z)$，$f_2(z)$ が D_2 に含まれる領域 D_1 で一致しているとき，$f_1(z)$，$f_2(z)$ は D_2 上で一致する．

つまり，正則関数は小さな開集合上*3で一致していれば，全体で一致するのです．（すなわち，ごく小さな開集合上で値を決めれば，全体での値も決まるということです．）

■解析接続の一意性

領域 D_1 を定義域とする正則関数 $f(z)$ が，その定義域を領域 D_1 から D_1 より大きい領域 D_2 に，正則関数のまま拡大することができたとします．すると，一致の定理より，そのような D_2 上の関数は一つに定まります．

なお，一致の定理では解析接続が常に可能であるということを保証しているわけではありません．仮に解析接続できた場合には，一意的であることを保証しているに過ぎません．

---

*1　ただし，通常は，このような簡単な場合にはわざわざ「解析接続」という言葉は使いません．

*2　前述のとおり，「領域」とは，空でない連結開集合を意味しています．また，「連結」とは D 内の任意の 2 点を D 内の連続的な線で結ぶことができる場合を意味しています．

*3　なお，本書では「ある領域」（＝空でない連結開集合）上で $f_1 = f_2$ であることを条件としていますが，この条件は，ずっと弱めることができます．

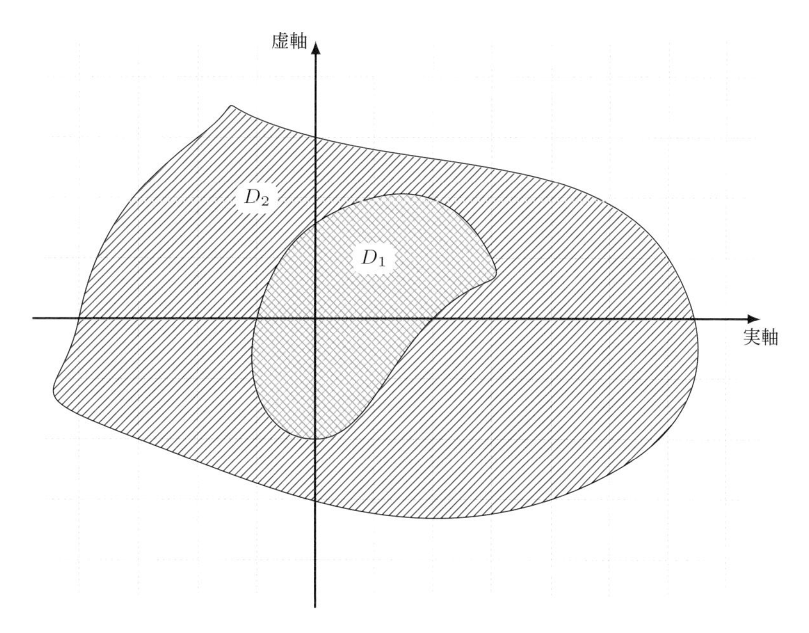

Figure 7.2：解析接続

解析接続とは，狭い領域 D_1 で定義されている正則関数 $f_1(z)$ をそれより広い領域 D_2 に正則性を保ったまま（つまり，複素微分可能なまま）定義域を拡大することである．一致の定理があるため，拡大された関数が存在する場合には一意的に決まる．（ただし，常に解析接続が可能なわけではない．）

■ゼータ関数の姿

ゼータ関数は，絶対収束域 $\mathrm{Re}\, s > 1$ 上でしか定義されていませんが，これは，前節の例の $f_1(z)$ だけを見ていることに対応します．$f_1(z)$ だけ見ていると狭い範囲でしか定義されていない関数のように思えますが，実は，もっとずっと広い範囲に定義域を拡大することができるのです．本書では，ここまでゼータ関数の姿としては，定義式

$$\zeta(s) = 1 + \frac{1}{2^s} + \frac{1}{3^s} + \cdots$$

を用いてきました．この表示を，**ディリクレ級数表示**と言います．この他，次のような**オイラー積表示**

$$\zeta(s) = \prod_{p:\text{素数}} \frac{1}{1 - \frac{1}{p^s}}$$

も見てきました．Part V では，全く別の方法でゼータ関数を表したうえで，その定義域を拡大していきます．

ヨハン・カール・フリードリヒ・ガウス

ガウス（Johann Carl Friedrich Gauß，1777 年 4 月 30 日–1855 年 2 月 23 日）は，前述のオイラーと並び，人類史上最高の数学者の一人です．その業績は，数学のみならず，天文学や物理学など広範に及んでいますが，とりわけ，数学，中でも整数論に関して，少年時代から卓越した業績を残しています．ガウス自身，「数学は科学の女王であり，整数論は数学の女王である．（この女王は）しばしば，天文学や他の自然科学に貢献するが，すべての関係において，最上ランクに位置づけられている．」との言葉を残しています．

ガウスは，幼少のころから驚くべき才能を有していたことを示す逸話がいくつも残っています．例えば，言葉が話せるようになったばかりの 3 歳前後にはすでに計算を行う能力を身につけており，父親の計算誤りを指摘したという逸話や，小学生のときに教師が 1 から 100 までの和を求めるよう課題を出したところ，瞬時に解いたといった逸話が残っています．

ガウスは先述のとおり，15 歳ごろには素数定理を予想しました．また，18 歳ごろには正 17 角形がコンパスと定規のみで作図可能であることを発見しています．それまでは，コンパスと定規のみで作図可能な正多角形は，ギリシャ時代に発見されていた正三角形と正五角形（およびこの二つから作図できる正六角形など）のみであったので，正 17 角形が作図可能であるというこの発見は，人類にとって 2000 年ぶりの発見でした．さらに，同じころ，平方剰余の相互法則を発見し，21 歳で代数学の基本定理を証明して学位を取得しています．

ガウスは，30 歳でゲッティンゲンの天文台長になると，そのまま，亡くなるまでゲッティンゲンにとどまりました．その間，1847 年にはゲッティンゲン大学に入学したリーマンと出会っています．このとき，ガウスは 70 歳，リーマンは 21 歳です．その後，リーマンはガウスのもとで博士号を取得しました．ガウスは，他の数学者を評価することはあまりありませんでしたが，リーマンの業績，とりわけ後にリーマン幾何学と呼ばれることとなる業績については，高く評価していました．ガウス以降，ゲッティンゲン大学には，リーマンをはじめとして，クライン，ヒルベルト，ゲンツェン，ジーゲルといった 19 世紀，20 世紀を代表する数学者が在籍し，数学，物理学の発展において世界をリードしました．日本人でも高木貞治や齋藤恭司といった日本を代表する数学者が在籍しました．

カール・フリードリヒ・ガウス
（ドイツ　1777年～1855年）

ζ

Part Ⅳ

ゼータの兄弟
—ガンマ関数—

第8章
ガンマ関数

8.1 階乗関数

■ガンマ関数

Part IV では，ガンマ関数について学びます．ガンマ関数は，ある種の積分で定義される関数であり，ゼータ関数とは一見何の関係もないように思われます．しかし，ゼータ関数は，Part VI で見るとおり，リーマンによってある種の積分でも表されることが発見されました．そして，その積分の形を見ると，ガンマ関数の積分とそっくりなのです．つまり，ガンマ関数とゼータ関数は，積分という形を通して見ると，非常に見た目が似た兄弟のような関数なのです．

しかも，それだけではありません．ゼータ関数の関数等式（Part VI）を考える際に，ガンマ関数はゼータ関数のペアの関数として登場します．そして，この関数等式により，ゼータ関数の零点とポールの位置が分かるのです．

このように，ガンマ関数は，ゼータ関数を考えるうえでなくてはならない存在です．

■ガンマ関数の定義域

次節で見るとおり，ガンマ関数の定義域は，複素平面で $\mathrm{Re}\, s > 0$ の範囲，つまり，実部が正の右半平面です．そして，この定義域を「ガンマ関数の漸化式」を用いて，左半平面に拡大することができます．つまり，本来，積分を用いた定義では右半平面でしか定義されていないガンマ関数を，「漸化式」を用いることにより左半平面に拡大できるのです．しかも，「正則性」を保ったまま拡大できるのです．つまり，ガンマ関数は，「解析接続」できます（詳細は，§8.4 参照）．そして，この「漸化式を用いて解析接続する」という方法は，ゼータ関数を解析接続する方法と同じです．

Part IV では，ガンマ関数の性質を学ぶとともに，ゼータ関数の解析接続を行うための予行演習として，ガンマ関数の解析接続を行います[*1]．

*1　本書では，ガンマ関数に関する必要最小限の性質について，一部の証明を省略したうえで説明します．読者は，必要に応じて解析学の教科書などを参照してください．

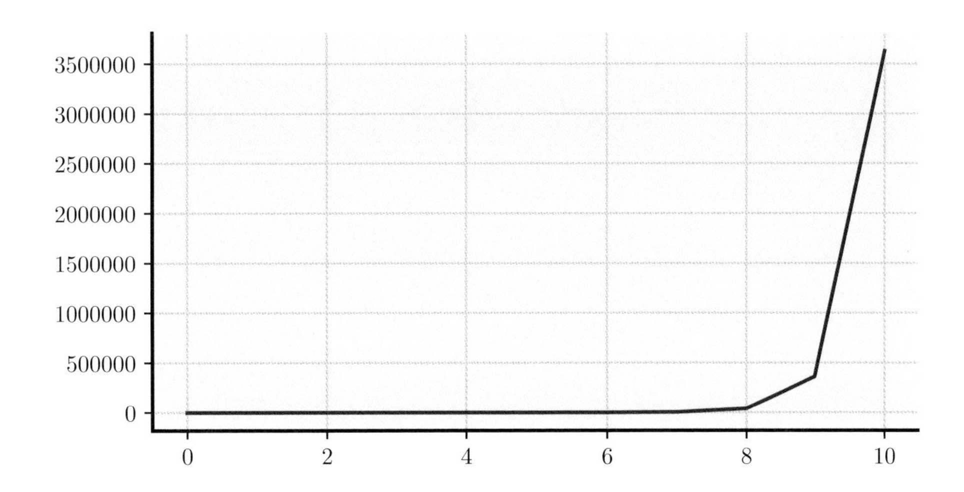

Figure 8.1：階乗関数の折れ線グラフ

階乗関数 $n!$ は n が大きくなると急激に大きくなる．そのため，1~8 まではグラフ上ではほとんど平らに見える．

■階乗関数とは

ガンマ関数は階乗関数を一般化した関数です．整数 n に対して n の階乗 $n!$ とは $n! = n \cdot (n-1) \cdot (n-2) \cdots 1$ で定義された整数です．なお，$0! = 1$ と約束します．

$$
\begin{aligned}
0! &= 1 \\
1! &= 1 \\
2! &= 2 \cdot 1 = 2 \\
3! &= 3 \cdot 2 \cdot 1 = 6 \\
4! &= 4 \cdot 3 \cdot 2 \cdot 1 = 24 \\
5! &= 5 \cdot 4 \cdot 3 \cdot 2 \cdot 1 = 120 \\
&\cdots \\
10! &= 10 \cdot 9 \cdot 8 \cdots 1 = 3628800 \\
&\cdots \\
20! &= 20 \cdot 19 \cdot 18 \cdots\cdots 1 = 2432902008176640000
\end{aligned}
$$

この例から分かるとおり，階乗 $n!$ は単調増加で，しかも n が増加するとき，$n!$ は急激に大きくなります．それでは，自然数ではない x に対して $x!$ は定義できるでしょうか．例えば，$\left(\frac{1}{2}\right)!$ や $(-1)!$ は定義できるでしょうか？ オイラーはガンマ関数という関数を導入し，自然数以外についても階乗が定義できることを示しました．

8.2　ガンマ関数の定義

ガンマ関数を定義します．

●定義 8.2.1　ガンマ関数

$\mathrm{Re}\, s > 0$ の複素数 s に対し

$$\Gamma(s) = \int_0^{+\infty} e^{-x} x^{s-1} dx$$

と定め，これを**ガンマ関数**と言う．

右辺は x を変数とした積分であり，s では積分をしていません．そのため，右辺は s を変数とする関数となります．ここで，s は複素数であることに注意しましょう．そして，本書では証明は省略しますが，右辺の被積分関数は $\mathrm{Re}\, s > 0$ の範囲で積分可能であり，$\Gamma(s)$ は s の関数として正則関数（複素微分可能な関数）となります．

●定理 8.2.2　ガンマ関数の正則性

ガンマ関数 $\Gamma(s)$ は，$\mathrm{Re}\, s > 0$ で正則（複素微分可能）な関数である．

ガンマ関数は複素関数ですが，定義域を実数に制限すると，定義より実数値関数となります．Figure 8.2 はガンマ関数を実数に制限した場合のグラフです．ガンマ関数は後述のとおり，階乗関数 $(n-1)!$ を一般化したものですので，x を大きくすると $\Gamma(x)$ は急増することが分かります．

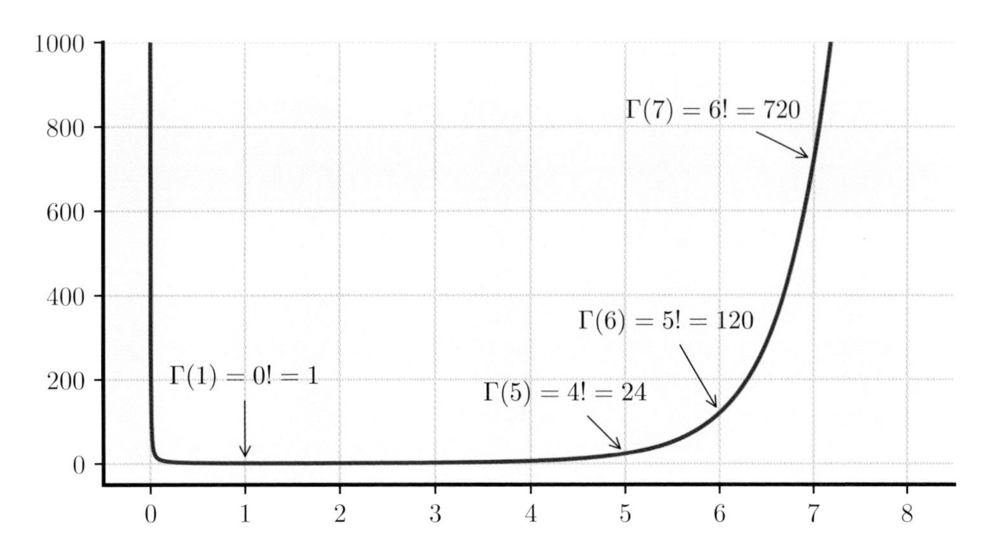

Figure 8.2：ガンマ関数のグラフ

ガンマ関数は後述のとおり $(n-1)!$ を一般化した関数であり，x を大きくすると $\Gamma(x)$ は急激に大きくなる．また，$x \to +0$ のときも $\Gamma(x)$ は大きくなることが分かる．§ 9.1 のとおり，$x=0$ でポールとなり $\lim_{x\to+0}\Gamma(x)=+\infty$ である．

Column ＞ルジャンドル流のガンマ関数とガウス流のガンマ関数

ガンマ関数は階乗関数 $n!$ を一般化したものですが，Figure 8.2 のとおり $\Gamma(n) = n!$ ではなく $\Gamma(n) = (n-1)!$ ですので，正確には $(n-1)!$ を一般化した関数と言えます．

このように，ガンマ関数と階乗関数とは 1 ずれているため，$\Gamma(n) = (n-1)!$ だったか $\Gamma(n) = (n+1)!$ だったかしばしば混乱することになります．このようなずれが生じてしまったのは，元々はオイラーによって考察されていた積分（現在のガンマ関数に相当する積分）に対し，ルジャンドルは Γ という記号を用い，その際，現代のような定義を与えたからなのです．

これに対しガウスは，同種の積分に対して Π（パイ）という記号を用いて，$\Pi(x) = \Gamma(x+1)$ と定義しました．もしガウスの記号が今も使われていたならば $\Pi(n) = n!$ となり，このような混乱はなかったと思われます．（その場合は，ガンマ関数ではなくパイ関数と呼ばれていました．）

現代においては，ガウス流の定義が用いられることはほとんどありませんが，リーマンはリーマン予想を提示した論文（Part VII 参照）でガウス流の定義を用いています．（リーマンはガウスの弟子です．）そのため，リーマン予想に関する教科書にはガウス流の定義が用いられているものも（ごく一部ですが）あります．これはこれで，混乱の元になることがあります．

8.3 ガンマ関数の漸化式

ガンマ関数は階乗 $(n-1)!$ を一般化した関数ですので，その点を確認しましょう．

定理 8.3.1　ガンマ関数の漸化式

$\mathrm{Re}\, s > 0$ なる s に対し，次が成り立つ．

(i) $\Gamma(s+1) = s\Gamma(s)$

(ii) $\Gamma(1) = 1$

(iii) $\Gamma(\frac{1}{2}) = \sqrt{\pi}$

(iv) 任意の自然数 n に対し $\Gamma(n) = (n-1)!$ *2

(i) は $\Gamma(s+1)$ と $\Gamma(s)$ との関係を表しています．これを**ガンマ関数の漸化式**と言います．これにより $0 < \mathrm{Re}\, s \leq 1$ の範囲の $\Gamma(s)$ が分かればすべての $\mathrm{Re}\, s > 0$ なる s に対して $\Gamma(s)$ が決まります（Figure 8.3）．

証明

(i) 部分積分を使う．

$$\begin{aligned}\Gamma(s+1) &= \int_0^{+\infty} e^{-x} x^s dx = \int_0^{+\infty} (-e^{-x})' x^s dx \\ &= \left[(-e^{-x})x^s\right]_0^{+\infty} + s\int_0^{+\infty} e^{-x}x^{s-1}dx \\ &= s\Gamma(s)\end{aligned}$$

部分積分

第 1 項は 0，第 2 項は $\Gamma(s)$ の定義より

(ii) ガンマ関数の定義より

$$\Gamma(1) = \int_0^{+\infty} e^{-x}dx = \left[-e^{-x}\right]_0^{+\infty} = 1$$

(iii) 本書では証明を省略するが，ガウス積分 $\displaystyle\int_0^{+\infty} e^{-x^2}dx = \frac{\sqrt{\pi}}{2}$ と変数変換を用いて示すことができる．

(iv) 自然数 n に対し (i) を繰り返し使うことにより，

$$\begin{aligned}\Gamma(n) &= (n-1)\Gamma(n-1) \\ &= (n-1)(n-2)\cdots 1\Gamma(1) \\ &= (n-1)!\end{aligned}$$

*2　前述のとおり，0 の階乗は $0! = 1$ と定義します．

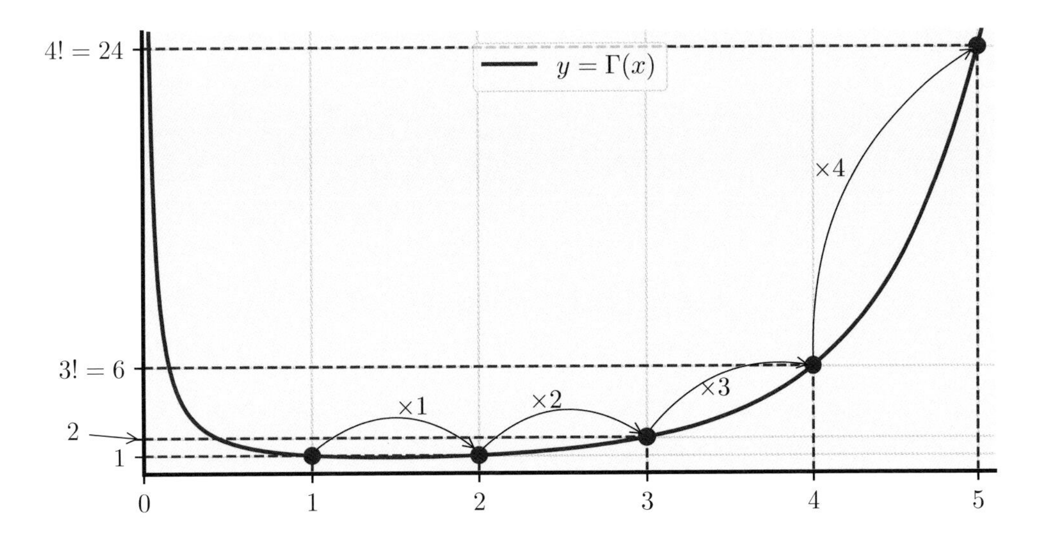

(a) ガンマ関数の自然数における値：漸化式 $\Gamma(s+1) = s\Gamma(s)$ と $\Gamma(1) = 1$ により，すべての自然数の値が分かる．これによりガンマ関数は $(n-1)!$ を一般化した関数であることが分かる．

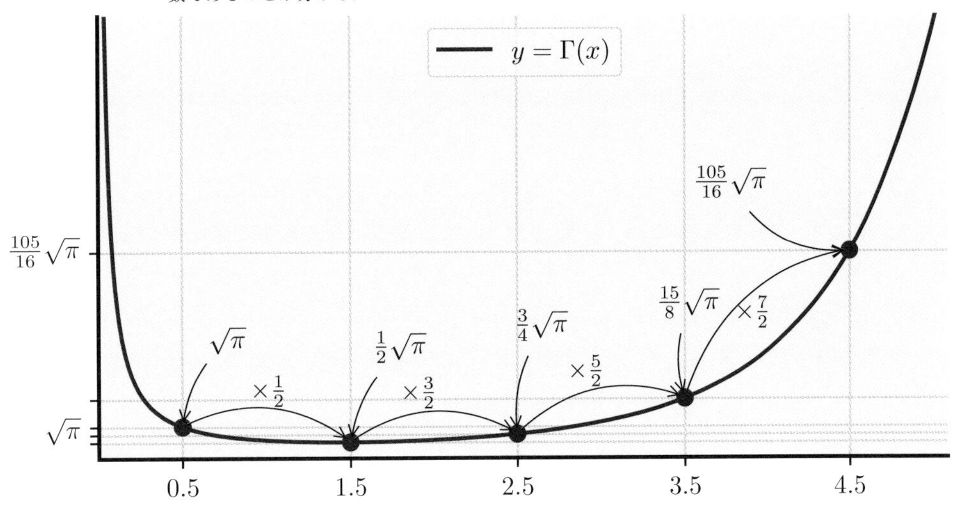

(b) ガンマ関数の半整数における値：漸化式 $\Gamma(s+1) = s\Gamma(s)$ と $\Gamma\left(\frac{1}{2}\right) = \sqrt{\pi}$ によりすべての正の半整数の値が分かる．

Figure 8.3：ガンマ関数

漸化式 $\Gamma(s+1) = s\Gamma(s)$ よりガンマ関数は $0 < \mathrm{Re}\, s \leq 1$ の値によって，任意の $\mathrm{Re}\, s > 1$ なる s の値が完全に決まる．次節では，この漸化式を使い負の値も決めることができることを確認する．

8.4 ガンマ関数を解析接続する

Figure 8.3 のとおり，漸化式 $\Gamma(s+1) = s\Gamma(s)$ を用いれば，$0 < \mathrm{Re}\, s \leq 1$ における $\Gamma(s)$ の値から任意の $\mathrm{Re}\, s > 1$ なる s に対し $\Gamma(s)$ を求めることができます．逆に，この漸化式を用いて $\mathrm{Re}\, s < 0$ に対してもガンマ関数を定義してみましょう．例えば，漸化式で $s = -\frac{1}{2}$ としてみます．すると，

$$\Gamma\left(\frac{1}{2}\right) = -\frac{1}{2}\Gamma\left(-\frac{1}{2}\right)$$

となりますので，

$$\Gamma\left(-\frac{1}{2}\right) = -2\Gamma\left(\frac{1}{2}\right) = -2\sqrt{\pi}$$

となりそうです．この式は，そもそも漸化式の成立範囲（$0 < \mathrm{Re}\, s$）を超えて漸化式を用いていますので，本来は成り立っているわけではありません．しかし，$\mathrm{Re}\, s \leq 0$ の範囲にまで $\Gamma(s)$ の定義を伸ばすための方法としては使えそうです．この方法を使って $\mathrm{Re}\, s \leq 0$ に定義域を拡大します．

■定義域を左に 1 拡大する

ガンマ関数の漸化式を

$$\Gamma(s) = \frac{\Gamma(s+1)}{s} \tag{8.1}$$

と変形すると，右辺は $\mathrm{Re}(s+1) > 0$ の範囲，つまり $\mathrm{Re}\, s > -1$ の範囲で定義されています．ただし，分母が 0 にならないように $s = 0$ は除きます．そこで，(8.1) の右辺によって新たな関数 $\Gamma_1(s)$ を $\Gamma_1(s) = \dfrac{\Gamma(s+1)}{s}$ で定義します．すると，Γ_1 の定義域は $\mathrm{Re}\, s > -1$, $s \neq 0$ となります．

つまり，Γ_1 の定義域は，ガウス平面上で左に 1 拡大されています．しかも $\Gamma_1(s)$ は，ガンマ関数の（元々の）定義域である $\mathrm{Re}\, s > 0$ では，$\Gamma(s)$ と一致しています．なぜなら，(8.1) は，元々のガンマ関数が定義されている範囲では常に成立している式（恒等式）だからです．

さらに，(8.1) の右辺は s に関して正則（複素微分可能）ですので，$\Gamma_1(s)$ も正則関数になります．つまり，$\Gamma_1(s)$ は元々の定義域である $\mathrm{Re}\, s > 0$ では $\Gamma(s)$ と一致している正則関数です．以上より，$\Gamma_1(s)$ はガンマ関数 $\Gamma(s)$ を解析接続したものだということが分かりました．

■さらに定義域を左に伸ばす

ガンマ関数の定義域を $\mathrm{Re}\, s > -1$, $s \neq 0$ まで拡大しましたが，この範囲で (8.1) が成り立っていることに注意しましょう．なぜなら，この式を用いて解析接続したからです．

ガンマ関数の定義域を $\mathrm{Re}\, s > -1$, $s \neq 0$ まで拡大できたので，(8.1) の右辺は $\mathrm{Re}\, s > -2$, $s \neq 0, -1$ で定義されています．（$s \neq -1$ としたのは，$\Gamma(-1)$ が定義されていないからです．）これを用いて，上記と同じ方法によって，正則関数のままガンマ関数の定義域を $\mathrm{Re}\, s > -2$, $s \neq 0, -1$ に広げることができます．具体的には，新たな関数

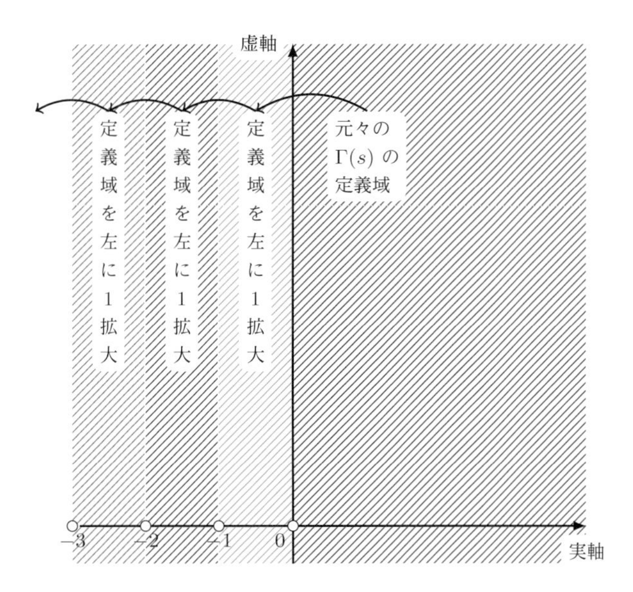

Figure 8.4：ガンマ関数の解析接続

元々，積分で定義したガンマ関数の定義域は $\mathrm{Re}\, s > 0$（赤）であるが，漸化式 $\Gamma(s) = \frac{\Gamma(s+1)}{s}$ によって定義域を 1 左に拡大することができる．この操作を繰り返すことにより，ガンマ関数の定義域を全複素平面から 0，−1，−2，... を除いた領域に次々に拡大することができる．いずれ，これと同様の方法でゼータ関数を解析接続する．

$\Gamma_2(s)$ を $\Gamma_2(s) = \dfrac{\Gamma(s+1)}{s}$ で定義します．すると，Γ_2 の定義域は $\mathrm{Re}\, s > -2$，$s \neq 0, -1$ となり，しかも，ガンマ関数の（元々の）定義域である $\mathrm{Re}\, s > 0$ では，$\Gamma(s)$ と一致しています．

この方法を繰り返すことにより，ガンマ関数の漸化式 (8.1) を用いて，ガンマ関数を，全複素平面から $s = 0, -1, -2, \ldots$ を除外した領域に解析接続することができます．また，この解析接続の方法から，解析接続されたガンマ関数も (8.1) を満たしていることが分かります．以上によって次の定理が示されました．

●定理 8.4.1　ガンマ関数の解析接続

$\Gamma(s)$ は，複素平面上の領域 $D = \{s \in \mathbb{C} \mid s \neq 0, -1, -2, -3, \ldots\}$ 上の正則関数に解析接続できる．また，$\Gamma(s)$ について D 上で次が成り立つ．

$$\Gamma(s+1) = s\Gamma(s) \tag{8.2}$$

第9章
ガンマ関数の性質

9.1　ガンマ関数の零点とポール

ガンマ関数は，ゼータ関数のペアとしてゼータ関数の関数等式に現れます（Part VI）．そして，この関数等式を使って，ゼータ関数の零点の位置が分かります．そのため，ここでは，ガンマ関数の零点とポールの位置と位数を確認します．

●定理 9.1.1　ガンマ関数の零点とポール

（解析接続した）ガンマ関数 $\Gamma(s)$ に対して次が成り立つ．

(i) $\Gamma(s)$ は零点をもたない．

(ii) $\Gamma(s)$ のポールは，$s = 0, -1, -2, -3, \ldots$ のみである．

(iii) $\Gamma(s)$ のポールはすべて 1 位である．また，$s = -n$ における留数は $\dfrac{(-1)^n}{n!}$ である．

証明

(i) 本書では，正確な証明は省略するが，後述のガンマ関数の相反公式（命題 9.2.1）*1 を使うと，任意の複素数 s に対して

$$\frac{1}{\Gamma(s)\Gamma(1-s)} = \frac{\sin \pi s}{\pi}$$

が成り立つところ，右辺の $\sin \pi s$ は全複素平面でポールをもたないため，$\Gamma(s)\Gamma(1-s)$ は零点をもたないことが分かる．したがって，仮にガンマ関数が $s = s_0$ で零点をもったとすると，$1 - s_0$ はポールになるはずである．他方で後述の (ii) のとおり，ガンマ関数のポールは，$s = 0, -1, -2, -3, \ldots$ のみであると分かることから，s_0 は自然数となる．そこで，s を正の実数とすると，ガンマ関数の積分による定義の被積分関数は，$x > 0$ のとき，

$$e^{-x}x^{s-1} > 0$$

であることから $\Gamma(s) > 0$ である．したがって，ガンマ関数は零点をもたない．

(ii)(iii) ガンマ関数は $s = 0, -1, -2, \ldots$ を除く複素平面に解析接続されているため，

ポールの候補は $s = 0, -1, -2, \ldots$ だけである．以下，これらがポールであること，さらに 1 位であり，その留数が $\dfrac{(-1)^n}{n!}$ であることを示す．漸化式 (8.2) より

$$\begin{aligned}\lim_{s \to 0} s\Gamma(s) &= \lim_{s \to 0} \Gamma(s+1) \\ &= \Gamma(1) = 1\end{aligned}$$

である．したがって，ガンマ関数は $s = 0$ で 1 位のポールをもち（命題 6.3.1(iii)），その留数は 1 である．以下，$s = -n$ は，ガンマ関数の 1 位のポールであり，その留数は $\dfrac{(-1)^n}{n!}$ であることを帰納法で証明する．これが $s = -n$ で成り立つ，つまり

$$\lim_{s \to -n} (s+n)\Gamma(s) = \frac{(-1)^n}{n!}$$

が成り立つと仮定する（命題 6.6.1）．このとき，

$$\begin{aligned}\lim_{s \to -(n+1)} (s+n+1)\Gamma(s) &= \lim_{s \to -(n+1)} \frac{s+n+1}{s}\Gamma(s+1) \quad \leftarrow \text{漸化式} \\ &= \lim_{t \to -n} \frac{t+n}{t-1}\Gamma(t) \quad \leftarrow s = t-1 \text{ で変数変換} \\ &= \frac{1}{-n-1}\frac{(-1)^n}{n!} \quad \leftarrow \text{帰納法の仮定より} \\ &= \frac{(-1)^{n+1}}{(n+1)!}\end{aligned}$$

より $s = -n-1$ のときも成り立つ．

＊1　本書では命題 9.2.1 を証明していませんので，必要に応じて解析学のテキストを確認してください．

9.2 ガンマ関数の基本公式

後に使うガンマ関数の基本的な公式を二つ見ていきます．

■相反公式

ガンマ関数は，$s = 0, -1, -2, \ldots$ でのみ 1 位のポールをもちますので，$\Gamma(1-s)$ は $s = 1, 2, 3, \ldots$ でのみ 1 位のポールをもちます．したがって，$\Gamma(s)\Gamma(1-s)$ はすべての整数で 1 位のポールをもつ関数であることが分かります．この関数の逆数を

$$f(s) = \frac{1}{\Gamma(s)\Gamma(1-s)}$$

とすると，$f(s)$ は，すべての整数で 1 位の零点をもつ関数になります．

さらに，$s \to s+1$ と変数を一つずらすと，ガンマ関数の漸化式より

$$\begin{aligned}\Gamma(s+1)\Gamma(1-(s+1)) &= s\Gamma(s)\Gamma(-s)\\ &= -\Gamma(s)\Gamma(1-s)\end{aligned}$$

で -1 倍となりますので，$f(s+2) = -f(s+1) = f(s)$ が成り立ち，$f(s)$ は周期 2 の関数であることも分かります．また，Figure 9.1 のように，$s = \frac{1}{2}$ で最大値をとり，その値は $f\left(\frac{1}{2}\right) = \frac{1}{\Gamma(1/2)\Gamma(1/2)} = \frac{1}{\pi}$ となります．この図を見ると $\sin x$ のグラフにそっくりですね．ここでは証明を行いませんが，実はこれは $\sin x$（を縮小したもの）と一致します．周期 2，最大値が $\frac{1}{\pi}$ ですので $f(s) = \frac{\sin \pi s}{\pi}$ となります．この公式をガンマ関数の相反公式と言います．

命題 9.2.1　相反公式

任意の複素数 s に対して次が成り立つ．

$$\frac{1}{\Gamma(s)\Gamma(1-s)} = \frac{\sin \pi s}{\pi}$$

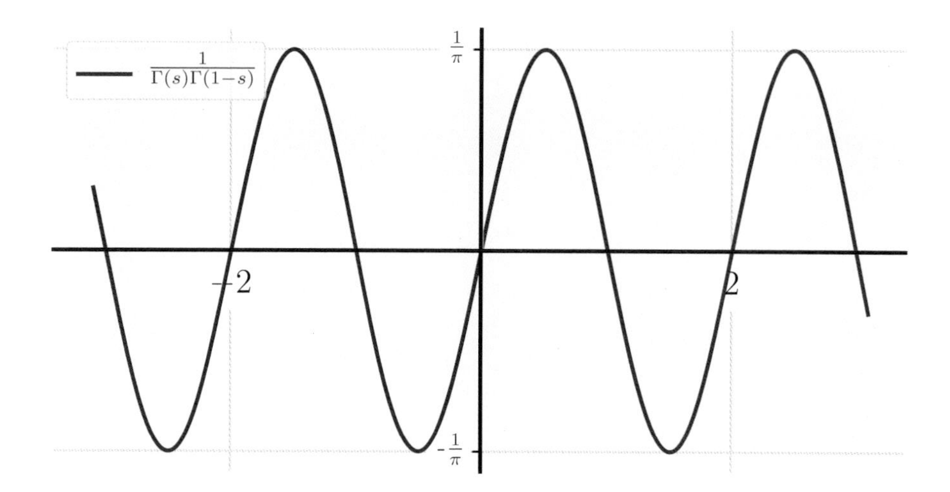

Figure 9.1：$\dfrac{1}{\Gamma(s)\Gamma(1-s)}$ のグラフ．周期 2 の関数であることが分かる．

■ルジャンドルの 2 倍公式

ガンマ関数の二つ目の公式です．相反公式よりガンマ関数は三角関数と関係が深いことが分かりました．三角関数には 2 倍角の公式がありますが，ガンマ関数にも同様の 2 倍公式があります．

ルジャンドルの 2 倍公式とは $\Gamma(2s)$ を $\Gamma(s)$ で表す公式です．

●命題 9.2.2　ルジャンドルの 2 倍公式

$$\Gamma(2s) = \frac{2^{2s-1}}{\sqrt{\pi}}\Gamma(s)\Gamma\left(s+\frac{1}{2}\right)$$

ここでは証明を行いませんが，なぜ 2 倍公式に $\Gamma\left(s+\frac{1}{2}\right)$ や π が出てくるのかについては，次のコラムで確認してください．

ガンマ関数の性質を見たところで，いよいよゼータ関数の解析接続について見ていきましょう．

Column ＞ルジャンドルの 2 倍公式の具体例

2 倍公式を $s = 4$ のときの具体例で確かめてみましょう．$\Gamma(n) = (n-1)!$ でしたので，

$$\Gamma(8) = 7! = 7 \cdot 6 \cdot 5 \cdot 4 \cdot 3 \cdot 2 \cdot 1 \tag{9.1}$$

$$\Gamma(4) = 3! = 3 \cdot 2 \cdot 1$$

また，ガンマ関数の漸化式と $\Gamma\left(\frac{1}{2}\right) = \sqrt{\pi}$ であることを用いると

$$\begin{aligned}\Gamma\left(\frac{9}{2}\right) &= \frac{7}{2}\Gamma\left(\frac{7}{2}\right) \\ &= \cdots \\ &= \frac{7}{2} \cdot \frac{5}{2} \cdot \frac{3}{2} \cdot \frac{1}{2}\Gamma\left(\frac{1}{2}\right) \\ &= \frac{7}{2} \cdot \frac{5}{2} \cdot \frac{3}{2} \cdot \frac{1}{2}\sqrt{\pi}\end{aligned}$$

ここで (9.1) の右辺のうち偶数部分のみを取り出すと，

$$6 \cdot 4 \cdot 2 = 2^3\left(\frac{6}{2} \cdot \frac{4}{2} \cdot \frac{2}{2}\right) = 2^3 \cdot 3! = 2^3\,\Gamma(4)$$

です．また，奇数部分を取り出すと

$$\begin{aligned}7 \cdot 5 \cdot 3 \cdot 1 &= 2^4 \cdot \frac{7}{2} \cdot \frac{5}{2} \cdot \frac{3}{2} \cdot \frac{1}{2} \\ &= 2^4\,\frac{\Gamma(\frac{9}{2})}{\sqrt{\pi}}\end{aligned}$$

したがって，

$$\Gamma(8) = 7 \cdot 6 \cdot 5 \cdot 4 \cdot 3 \cdot 2 \cdot 1 = \frac{2^7}{\sqrt{\pi}}\,\Gamma(4)\,\Gamma(\tfrac{9}{2})$$

が成立していることが確かめられました．これは 2 倍公式そのものです．つまり，2 倍公式とは，$(n-1)!$ の偶数部分と奇数部分とを分けたものだったのです．

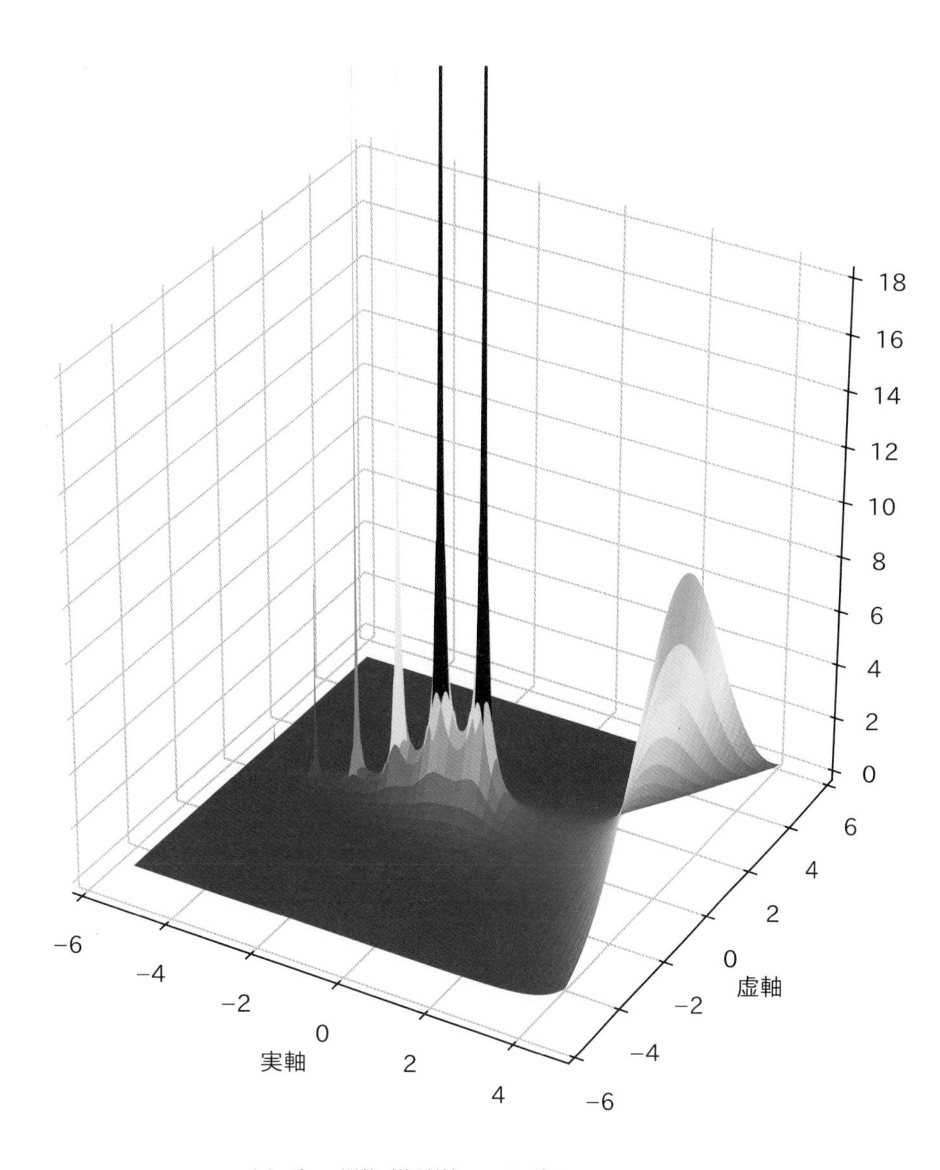

(a) ガンマ関数（絶対値）の 3D グラフ

Figure 9.2：ガンマ関数の零点とポール（極）

ガンマ関数は全複素平面で零点をもたない．また，0 と負の整数 ($s=0,-1,-2,\ldots$) でポール（極）をもつ．上のグラフから，実部が正の部分でも値が大きくなっていることが分かるが，これは，ガンマ関数が階乗 $(n-1)!$ を一般化した関数であるためであり，ガンマ関数は実部が正の範囲ではポールをもたない．

Column > RSA 暗号とリーマン予想

インターネットなどで用いられている暗号方式として．**RSA 暗号**というものがあります．RSA 暗号とは，1977 年にアメリカの 3 人の学者，リベスト（Ronald Linn Rivest），シャミア（Adi Shamir），エーデルマン（Leonard Adleman）によって考案された暗号であり，3 人の頭文字をとって RSA 暗号と呼ばれています．RSA 暗号は，❶ 大きな数でも素数か判定することは比較的に容易であること，❷ ①で判定した二つの素数を掛け合わせることも容易であること，❸ ②の掛け算の結果を素因数分解して元の二つの素数に戻すことはほとんど困難なほど難しいこと，の 3 つの原理から成り立っています．

簡単な具体例を見ていきましょう．2 桁の数で考えてみます．① 2 桁の素数二つを選ぶことは難しくありません．例えば，47 と 71 にしましょう．②この二つの素数を掛け合わせることも簡単です．3337 です．③さて，この 3337 を素因数分解することはどうでしょうか．この程度の大きさであれば，難しくはないでしょう．$\sqrt{3337} = 57.7\cdots$ なので，57 までの素数で割っていけば素因数分解はできます．しかし，①，②の計算に比べれば時間がかかるということは実感できるでしょうか．

この例では 2 桁の数を用いたため実感できないかもしれませんが，仮に元々の素数が 60 桁で，その積が 120 桁になる場合はどうでしょうか．120 桁の合成数を素因数分解できるでしょうか？ RSA 暗号は，この素因数分解の困難性を暗号が解読されない理論的な根拠としています．

読者は，コンピュータを使えば簡単に素因数分解できるのではないかと思うのではないでしょうか．素因数分解ができると暗号は簡単に解かれてしまうので，RSA 暗号の安全性は素因数分解の困難性にかかっています．RSA 暗号の安全性は次のように確かめられました．上記の 3 人の学者は，1977 年，サイエンス誌に，とある暗号――後に RSA 暗号と呼ばれることになる暗号――を解けという問題を出しました．その暗号を解くためには，次の 129 桁の数を素因数分解をする必要がありました．

$$
\begin{gathered}
1143816257578888676692357799761466120102182967212423625625618429 \\
35706935245733897830597123563958705058989075147599290026879543541
\end{gathered}
$$

（紙面の都合から 2 行にわたって記載していますが，129 桁の一つの整数を表しています．）出題者は当然，二つの素因数を知っていましたが，サイエンス誌の読者は誰一人この二つの素数を見つけることができませんでした．

結局，この問題は，出題から 17 年後の 1994 年に約 1600 台のコンピュータを用いて解かれました．上の 129 桁の整数は次のように素因数分解できたのです．

$$
\begin{aligned}
&3490529510847650949147849619903898133417764638493387843990820577 \\
\times\ &32769132993266709549961988190834461413177642967992942539798288533
\end{aligned}
$$

当時最新のコンピュータを用いても素因数分解に 17 年もかかったという事実が，RSA 暗号の安全性を示していると言えます．このように，RSA 暗号は，大きな合成数の素因数分解が難しいことに依拠したものです．

巷ではリーマン予想が解かれると RSA 暗号がすべて解かれてしまうという誤解があるようです．リーマン予想は素数の分布と密接に関連していますが，リーマン予想が解かれたとしても素因数分解が容易になるわけではありません．安心して，リーマン予想にチャレンジし，100 万ドルを目指してください！

ζ Part V

$$1+2+3+\cdots=-\frac{1}{12}$$

第10章
ゼータ関数の解析接続

10.1 一般二項定理

本章ではゼータ関数の解析接続を行います．ガンマ関数の解析接続と同様に，ゼータ関数の漸化式を作り，定義域を絶対収束域から一つずつ左側に拡大していきます．ゼータ関数の漸化式を作るために二項定理を用います．

■二項定理

二項定理とは $(x+y)^m$ を展開する公式です．高校では m が自然数の場合を習いますが，実際には m が複素数の場合でも成立しています．まず，次のような多項式の展開を思い出してみましょう．

$$\begin{aligned}(1+x) &= 1+x \\ (1+x)^2 &= 1+2x+x^2 \\ (1+x)^3 &= 1+3x+3x^2+x^3 \\ (1+x)^4 &= 1+4x+6x^2+4x^3+x^4\end{aligned}$$

m が自然数のとき次のような二項定理が成り立ちます．

$$(1+x)^m = \sum_{n=0}^{m} \binom{m}{n} x^n$$

ここで，$\binom{m}{n}$ は 2 項係数[*1]であり，具体的には

$$\binom{m}{n} = \frac{m(m-1)(m-2)\cdots(m-n+1)}{n!} \tag{10.1}$$

です．ただし，$n=0$ のときは $\binom{m}{0}=1$ とします．

*1　高校までは二項係数を ${}_m\mathrm{C}_n$ と記載することが多いですが，大学以上の数学では $\binom{m}{n}$ という記号を用いることが多いため，本書でもこの記号を使います．ただし，内容は ${}_m\mathrm{C}_n$ と同じです．

■**一般二項定理とは**

(10.1) の右辺は，m が整数でなくても定義可能です．そこで，複素数 m と 0 以上の整数 n に対し**一般二項係数** $\binom{m}{n}$ を (10.1) によって定義します．これによって，複素数 m に対しても二項係数が定義されます．ただし，この場合でも n は 0 以上の整数に限定されます．

例 10.1.1

$m = \frac{1}{2}$ の場合

$$\binom{\frac{1}{2}}{0} = 1 \qquad \binom{\frac{1}{2}}{1} = \frac{1}{2}$$

$$\binom{\frac{1}{2}}{2} = \frac{\frac{1}{2}\cdot\left(-\frac{1}{2}\right)}{2} = -\frac{1}{8} \qquad \binom{\frac{1}{2}}{3} = \frac{\frac{1}{2}\cdot\left(-\frac{1}{2}\right)\cdot\left(-\frac{3}{2}\right)}{3!} = \frac{1}{16}$$

一般的に m が自然数の場合，n を $m+1$ 以上とすれば $\binom{m}{n}$ は 0 になります．しかし，m が自然数でない場合には，上の例からも分かるように n を大きくしても二項係数は 0 にはなりません．このため，次の一般二項定理には無限級数が出てきます．本書では証明をせずに，結果だけ掲げておきます．

● 定理 10.1.2　一般二項定理

m を複素数，n を 0 以上の整数とするとき，複素数 z ($|z| < 1$) に対し次が成り立つ．

$$\begin{aligned}(1+z)^m &= \sum_{n=0}^{\infty}\binom{m}{n}z^n \\ &= 1 + mz + \frac{m(m-1)}{2}z^2 + \frac{m(m-1)(m-2)}{6}z^3 + \dots\end{aligned}$$

例 10.1.3

一般二項定理を用いて $(1+z)^{\frac{1}{2}}$ を展開すると，例 10.1.1 より

$$(1+z)^{\frac{1}{2}} = 1 + \frac{1}{2}z - \frac{1}{8}z^2 + \frac{1}{16}z^3 - \dots$$

● 命題 10.1.4　二項係数の和

s を $\mathrm{Re}\, s > 0$ なる任意の複素数とするとき，次が成り立つ．

$$\sum_{k=0}^{\infty}\binom{s}{k} = 2^s$$

これは，一般二項定理（定理 10.1.2）において $z = 1$ としたものです*2.

*2　ただし，一般二項定理（定理 10.1.2）の z には $|z| < 1$ という条件が付いているため，このままでは $z = 1$ を代入できず，アーベルの連続性定理（定理 12.4.3）を用いる必要があります．

10.2 ゼータ関数の漸化式

ゼータ関数を解析接続する方法はいくつかありますが，ここでは，[8] を参考に，一般二項定理（定理 10.1.2）を用いて解析接続する方法を解説します．最初に次の補題を示します．次節でこの漸化式を用いてゼータ関数を解析接続します．

補題 10.2.1　ゼータ関数の漸化式

s を $\mathrm{Re}\, s > 2$ なる任意の複素数とするとき，次が成り立つ．

$$\zeta(s) = 1 + \frac{2^{1-s}}{s-1} + \frac{1}{s-1}\sum_{k=2}^{\infty}\binom{-s+1}{k}(\zeta(s+k-1)-1)$$

証明

$\mathrm{Re}\, s > 1$ であるとき

$$\begin{aligned}
\zeta(s) &= 1 + 2^{-s} + 3^{-s} + 4^{-s} + \cdots \\
&= 1 + 2^{-s} + \sum_{n=2}^{\infty}(n+1)^{-s} \\
&= 1 + 2^{-s} + \sum_{n=2}^{\infty} n^{-s}\left(1+\frac{1}{n}\right)^{-s} \\
&= 1 + 2^{-s} + \sum_{n=2}^{\infty} n^{-s}\sum_{k=0}^{\infty}\binom{-s}{k}n^{-k} \\
&= 1 + 2^{-s} + \sum_{n=2}^{\infty} n^{-s}\left(1+\sum_{k=1}^{\infty}\binom{-s}{k}n^{-k}\right) \\
&= 1 + \sum_{n=2}^{\infty} n^{-s} + 2^{-s} + \sum_{n=2}^{\infty} n^{-s}\sum_{k=1}^{\infty}\binom{-s}{k}n^{-k} \\
&= \zeta(s) + 2^{-s} + \sum_{n=2}^{\infty} n^{-s}\sum_{k=1}^{\infty}\binom{-s}{k}n^{-k} \\
&= \zeta(s) + 2^{-s} + \sum_{k=1}^{\infty}\binom{-s}{k}\sum_{n=2}^{\infty} n^{-s-k} \\
&= \zeta(s) + 2^{-s} + \sum_{k=1}^{\infty}\binom{-s}{k}(\zeta(s+k)-1)
\end{aligned}$$

- $\zeta(s)$ の定義をあえて $(n+1)^{-s}$ の和と書く
- n^{-s} を括り出す
- 一般二項定理
- $k=0$ のときシグマの中は 1 のため外に出す
- $\sum(a+b) = \sum a + \sum b$
- $\zeta(s)$ の定義
- 和の順序を交換する
- $\zeta(s+k)$ の定義

以上より $\mathrm{Re}\, s > 1$ の範囲で次が成り立つ．

$$\zeta(s) = \zeta(s) + 2^{-s} + \sum_{k=1}^{\infty}\binom{-s}{k}(\zeta(s+k)-1)$$

両辺から $\zeta(s)$ を消去し，$k=1$ のとき $\binom{-s}{1}=-s$ であることからシグマの外に出すと

$$0=2^{-s}-s(\zeta(s+1)-1)+\sum_{k=2}^{\infty}\binom{-s}{k}(\zeta(s+k)-1)$$

$s\zeta(s+1)$ を左辺に移行し，両辺を s で割ると次を得る．

$$\zeta(s+1)=1+\frac{2^{-s}}{s}+\frac{1}{s}\sum_{k=2}^{\infty}\binom{-s}{k}(\zeta(s+k)-1)$$

この式は $\mathrm{Re}\, s>1$ で成立しているが，両辺の $s+1$ を s で置き換えることにより，次の式が $\mathrm{Re}\, s>2$ の範囲で成立していることが分かる．

$$\zeta(s)=1+\frac{2^{1-s}}{s-1}+\frac{1}{s-1}\sum_{k=2}^{\infty}\binom{-s+1}{k}(\zeta(s+k-1)-1)$$

補題 10.2.1 は，$\zeta(s)$ を $\zeta(s+1)$，$\zeta(s+2)$，$\zeta(s+3)$，$\ldots$ で表しています．すなわち，$\zeta(s)$ の漸化式となってます．ガンマ関数を漸化式を使って解析接続したように*3，次節では，この漸化式を使ってゼータ関数を解析接続します．

*3　ただし，ガンマ関数の場合と異なり，2 項間の漸化式ではなく無限項間の漸化式となっているため，ガンマ関数の場合よりは複雑です．

10.3　ゼータ関数の解析接続

ゼータ関数の漸化式（補題 10.2.1）が導けましたので，これを使ってゼータ関数を解析接続します．この方法は，ガンマ関数の解析接続（§ 8.4）と同様です．

■定義域を左に 1 ずらす

補題 10.2.1 により $\mathrm{Re}\, s > 2$ で次の式が成り立っています．

$$\zeta(s) = 1 + \frac{2^{1-s}}{s-1} + \frac{1}{s-1} \sum_{k=2}^{\infty} \binom{-s+1}{k} (\zeta(s+k-1)-1) \tag{10.2}$$

$s \neq 1$ で定義　　$s \neq 1$ で定義　　$\mathrm{Re}\, s > 0$ で定義

この式は $\mathrm{Re}\, s > 2$ で成立していますが，右辺だけ見るとピンク部分は $s \neq 1$ で，ブルー部分は $\mathrm{Re}\, s > 0$ で定義されているため*4，右辺全体は $\mathrm{Re}\, s > 0$，$s \neq 1$（Figure 10.1 の緑，赤）で定義されています．そこで，この右辺を新たな関数 ζ_1 とおきます．

$$\zeta_1(s) = 1 + \frac{2^{1-s}}{s-1} + \frac{1}{s-1} \sum_{k=2}^{\infty} \binom{-s+1}{k} (\zeta(s+k-1)-1)$$

すると，$\zeta_1(s)$ は $\mathrm{Re}\, s > 0$，$s \neq 1$（Figure 10.1 の緑，赤）で定義された正則関数であり*5，しかも $\mathrm{Re}\, s > 2$ で $\zeta_1(s) = \zeta(s)$ ですので（補題 10.2.1），$\zeta_1(s)$ は $\zeta(s)$ を解析接続したものであることが分かります*6．そこでこの $\zeta_1(s)$ を $\zeta(s)$ とおきます．これによって，$\zeta(s)$ の定義域を絶対収束域（緑）から，赤部分へ左に 1 拡大したことになります．

■さらに定義域を左に 1 ずらす

同様の方法で $\zeta(s)$ の定義域を左に 1 ずつ拡大していきましょう．

$$\zeta(s) = 1 + \frac{2^{1-s}}{s-1} + \frac{1}{s-1} \sum_{k=2}^{\infty} \binom{-s+1}{k} (\zeta(s+k-1)-1) \tag{10.3}$$

$s \neq 1$ で定義　　$s \neq 1$ で定義　　$\mathrm{Re}\, s > -1$，$s \neq 0$ で定義

$\zeta(s)$ の定義域が Figure 10.1 の赤部分に拡大しましたので (10.3) の右辺は，$\mathrm{Re}\, s > -1$，$s \neq 0$（緑，赤，オレンジ）で定義されることになります．なぜなら，$\zeta(s+k-1)$ は $\mathrm{Re}(s+k-1) > 0$，$s+k-1 \neq 1$ の範囲で定義されていますが，$k \geq 2$ のためこの不等式は $\mathrm{Re}\, s > -1$，$s \neq 0$ で成り立っているからです．

このように (10.3) の右辺は $\mathrm{Re}\, s > -1$，$s \neq 1, 0$（図の緑，赤，オレンジ）で定義されているため，再び (10.3) の右辺をゼータ関数の定義とすることにより，オレンジ部分までゼータ関数を解析接続することができます．これによって，ゼータ関数をオレンジ部分まで解析接続することができました．

---

*4　$\zeta(s+k-1)$ の定義域は $\mathrm{Re}(s+k-1) > 1$ ですが，$k \geq 2$ のため $\mathrm{Re}\, s > 0$ のとき常にこれは満たされています．

*5　本書では省略しますが，正則であることを示すためには，広義一様収束していることを示す必要があります．

*6　なお，$\zeta_1(s) = \zeta(s)$ となっている範囲は $\mathrm{Re}\, s > 2$ であり絶対収束域（$\mathrm{Re}\, s > 1$）でありませんが，一致の定理より $\mathrm{Re}\, s > 1$ の範囲で $\zeta_1(s) = \zeta(s)$ が成り立ちます．

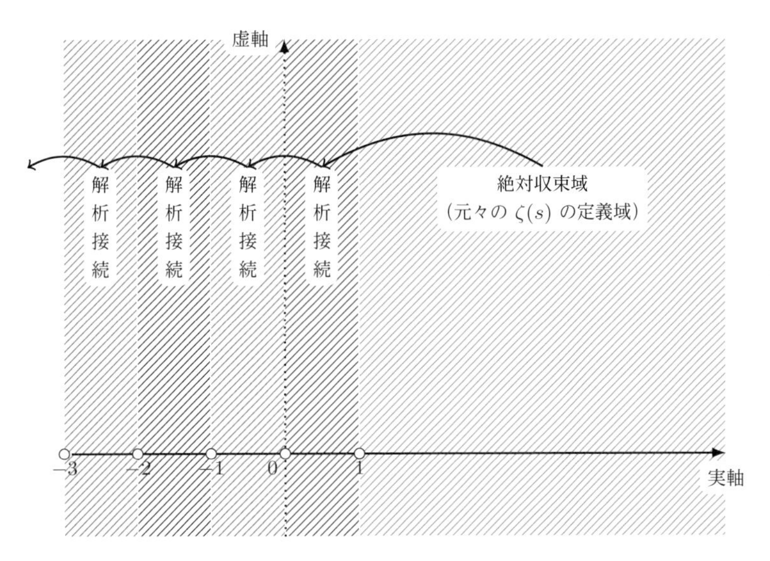

Figure 10.1：ゼータ関数の解析接続

同様の操作を続けることによって，ゼータ関数の定義域を1ずつ左に拡大することができ，$s \neq 1, 0, -1, -2, \ldots$ の範囲，つまり，全複素平面から $s = 1, 0, -1, -2, \ldots$ を除いた領域に解析接続できます．

● 命題 10.3.1

$\zeta(s)$ は全複素平面から $s = 1, 0, -1, -2, \ldots$ を除いた領域に解析接続することが可能であり，この範囲で (10.2) が成立している．

ガンマ関数の解析接続では，定義域から除外された $s = 0, -1, -2, -3, \ldots$ でポールをもつことが分かりました（定理 9.1.1）．ゼータ関数の場合，定義域から除かれた $s = 1, 0, -1, -2, \ldots$ のうちポールは $s = 1$ のみであり，それ以外はすべて除去可能特異点（つまりその点でも正則）であることを次章で示します（定理 11.4.1）．

第11章 ゼータ関数の整数での値 —特殊値—

11.1 ゼータ関数のポール

前章では，ゼータ関数を $s = 1, 0, -1, -2, \ldots$ を除いた領域に解析接続しました．本章ではこの除外された $s = 1, 0, -1, -2, \ldots$ でのゼータ関数の挙動を見ていきます．

まず，$s = 1$ がポールであることを確認します．ゼータ関数の漸化式

$$\zeta(s) = 1 + \frac{2^{1-s}}{s-1} + \frac{1}{s-1}\sum_{k=2}^{\infty}\binom{-s+1}{k}(\zeta(s+k-1)-1)$$

は $s = 1$ では成立していませんが，$s = 1$ の近傍では成立しています．そこで，$s \to 1$ と極限をとってみると，第 2 項は発散しますが，$\binom{0}{k} = 0$（$k \geq 2$）より第 3 項のシグマの中身は 0 となり，結局全体としては発散します．つまり，$s = 1$ はポールであることが分かりました．実際

$$\lim_{s \to 1}(s-1)\zeta(s) = \lim_{s \to 1}((s-1) + 2^{1-s}) = 1$$

であるため，$\zeta(s)$ は $s = 1$ で 1 位のポールとなり，その留数は 1 であることが分かります．

●定理 11.1.1　ゼータ関数のポール

$\lim_{s \to 1}(s-1)\zeta(s) = 1$ である．したがって，$s = 1$ は $\zeta(s)$ の 1 位のポールであり，その留数は 1 である．

ゼータ関数は $s = 1$ でポールになることが分かりました．次節では，$s = 0, -1, -2, \ldots$ が除去可能特異点であること（つまり解析接続できること）を確認します．これにより，ゼータ関数のポールは $s = 1$ だけであることが分かります．

11.2 Re $s < 1$ における漸化式の簡易化

ゼータ関数が 0 以下の整数で定義されていることを確認する準備として，Re $s < 1$ の範囲で漸化式を簡単にします．

Re $s < 1$ のとき，$\mathrm{Re}(1-s) > 0$ となることから $\sum_{k=2}^{\infty}\binom{1-s}{k}$ は収束し（命題 10.1.4），漸化式 (10.2) は次のように変形できます．

$$
\begin{aligned}
\zeta(s) &= 1 + \frac{2^{1-s}}{s-1} + \frac{1}{s-1}\sum_{k=2}^{\infty}\binom{1-s}{k}(\zeta(s+k-1)-1) \\
&= 1 + \frac{2^{1-s}}{s-1} + \frac{1}{s-1}\sum_{k=2}^{\infty}\binom{1-s}{k}\zeta(s+k-1) - \frac{1}{s-1}\sum_{k=2}^{\infty}\binom{1-s}{k}
\end{aligned}
$$

命題 10.1.4 より $\sum_{k=0}^{\infty}\binom{1-s}{k} = 1 + (1-s) + \sum_{k=2}^{\infty}\binom{1-s}{k} = 2^{1-s}$ だから

$$
\begin{aligned}
&= 1 + \frac{2^{1-s}}{s-1} + \frac{1}{s-1}\sum_{k=2}^{\infty}\binom{1-s}{k}\zeta(s+k-1) - \frac{1}{s-1}(2^{1-s} - 1 - (1-s)) \\
&= \frac{1}{s-1} + \frac{1}{s-1}\sum_{k=2}^{\infty}\binom{1-s}{k}\zeta(s+k-1)
\end{aligned}
$$

以上より，次が成り立つことが分かりました．

● 補題 11.2.1　Re $s < 1$ における漸化式

Re $s < 1$，$s \neq 0, -1, -2, \ldots$ を満たす s に対し，次が成り立つ．

$$
\zeta(s) = \frac{1}{s-1} + \frac{1}{s-1}\sum_{k=2}^{\infty}\binom{1-s}{k}\zeta(s+k-1)
$$

11.3　ζ(0) とζ(−1) を求める

補題 11.2.1 より $\mathrm{Re}\, s < 1$，$s \neq 0, -1, -2, \ldots$ において

$$\zeta(s) = \frac{1}{s-1} + \frac{1}{s-1}\sum_{k=2}^{\infty}\binom{1-s}{k}\zeta(s+k-1) \tag{11.1}$$

が成立していますので，この式を使って，ゼータ関数の負の整数での値，すなわちゼータ関数の特殊値を求めてみましょう．まずは本節では，$s = 0, -1$ の場合の値をそれぞれ求めます．

■ζ(0) を求める

(11.1) は $s = 0$ では成立していませんが，$s = 0$ の近傍では成立しているため，$s \to 0$ とすることはできます*1．$s \to 0$ とすると

$$\begin{aligned}&\lim_{s\to 0}\zeta(s)\\ &= -1 - \underbrace{\lim_{s\to 0}\binom{1-s}{2}\zeta(s+1)}_{0\times\infty} - \underbrace{\lim_{s\to 0}\binom{1-s}{3}\zeta(s+2)}_{0\times 有限} - \underbrace{\lim_{s\to 0}\binom{1-s}{4}\zeta(s+3)}_{0\times 有限} - \cdots\end{aligned}$$

となります．このときブルー部分は $0 \times$ 有限 $= 0$ となりますが，ピンク部分は $0 \times \infty$ の形になっています．そこで，ピンク部分について $s \to 0$ としたときの極限を考えます．

$$\begin{aligned}\lim_{s\to 0}\binom{1-s}{2}\zeta(s+1) &= \lim_{s\to 0}\frac{(1-s)(-s)}{2}\zeta(s+1)\\ &= \lim_{t\to 1}\frac{(-t+2)(-t+1)}{2}\zeta(t)\\ &= -\frac{1}{2}\end{aligned}$$

$s = t - 1$ と変数変換

$\lim_{t\to 1}(t-1)\zeta(t) = 1$（定理 11.1.1）

よって，

$$\lim_{s\to 0}\zeta(s) = -1 + \frac{1}{2} = -\frac{1}{2}$$

となります．したがって，$s = 0$ は除去可能特異点であり，$\zeta(0) = -\frac{1}{2}$ と定義することによりゼータ関数は $s = 0$ で正則となることが分かりました（定理 6.4.4）．

*1　lim と $\sum$ を交換するには，本来は和が広義一様絶対収束していることを確認する必要があります．

■$\zeta(-1)$ を求める

同様に (11.1) で $s \to -1$ としてみましょう．

$$\lim_{s\to -1}\zeta(s)$$

$$= -\frac{1}{2} - \frac{1}{2}\left(\lim_{s\to -1}\binom{1-s}{2}\zeta(s+1) + \lim_{s\to -1}\binom{1-s}{3}\zeta(s+2) + \lim_{s\to -1}\binom{1-s}{4}\zeta(s+3) + \cdots \right)$$

$1\times(-\frac{1}{2})$　　$0\times\infty$　　$0\times$有限

$0\times\infty$ となるのはピンク部分の第 3 項で，それ以外の項は有限の値になります．そこで第 3 項の極限を求めると

$$\begin{aligned}
\lim_{s\to -1}\binom{1-s}{3}\zeta(s+2) &= \lim_{s\to -1}\frac{(1-s)(-s)(-s-1)}{6}\zeta(s+2) \\
&= \lim_{t\to 1}\frac{(3-t)(2-t)(1-t)}{6}\zeta(t) \\
&= -\frac{2}{6} \\
&= -\frac{1}{3}
\end{aligned}$$

$s=t-2$ と変数変換

$\lim_{t\to 1}(t-1)\zeta(t)=1$（定理 11.1.1）

よって，

$$\begin{aligned}
\lim_{s\to -1}\zeta(s) &= -\frac{1}{2} - \frac{1}{2}\left(-\frac{1}{2} - \frac{1}{3}\right) \\
&= -\frac{1}{2} + \frac{5}{12} \\
&= -\frac{1}{12}
\end{aligned}$$

となります．したがって，$s=-1$ は除去可能特異点であり，$\zeta(-1)=-\frac{1}{12}$ と定義することによりゼータ関数は $s=-1$ において正則になります（定理 6.4.4）．

同様の方法により $s=-2,-3,\ldots$ のときの $\zeta(s)$ を求めることができます．次節では，一般的な負の整数での値を求めます．

11.4 ゼータ関数の解析接続—負の整数—

前節の方法で n を自然数としたときに $\zeta(1-n)$ が定義できること，つまり，$s=1-n$ が除去可能特異点であることを確認します．(11.1) で $s\to 1-n$ とします．すると

$$\lim_{s\to 1-n}\zeta(s)=-\frac{1}{n}-\frac{1}{n}\sum_{k=2}^{\infty}\lim_{s\to 1-n}\binom{1-s}{k}\zeta(s+k-1) \tag{11.2}$$

となります．前節の例のように，(11.2) で $s\to 1-n$ としたときに $0\times\infty$ の形になるのは，$s+k-1\to(1-n)+k-1=1$ となる $k=n+1$ のときです．そこで，$k=n+1$ 項の極限を求めてみましょう．

$$\begin{aligned}
\lim_{s\to 1-n}\binom{1-s}{n+1}\zeta(s+n) &= \lim_{s\to 1-n}\frac{(1-s)(-s)(-1-s)\cdots(-n+1-s)}{(n+1)!}\zeta(s+n)\\
&= \lim_{s\to 1-n}\frac{(-s+1)(-s)(-s-1)\cdots(-s-n+1)}{(n+1)!}\zeta(s+n)\\
&= \lim_{t\to 1}\frac{(-t+n+1)(-t+n)(-t+n-1)\cdots(-t+1)}{(n+1)!}\zeta(t)\\
&= -\frac{n!}{(n+1)!}=-\frac{1}{n+1}
\end{aligned}$$

となります．ここでは $s=t-n$ とおき，$\lim_{t\to 1}(t-1)\zeta(t)=1$（定理 11.1.1）を用いました．

これによって，自然数 n に対して

$$\begin{aligned}
\lim_{s\to 1-n}\zeta(s) &= -\frac{1}{n}-\frac{1}{n}\sum_{k=2}^{n}\binom{n}{k}\zeta(-n+k)+\frac{1}{n(n+1)}\\
&= \frac{-(n+1)+1}{n(n+1)}-\frac{1}{n}\sum_{k=2}^{n}\binom{n}{k}\zeta(k-n)\\
&= -\frac{1}{n+1}-\frac{1}{n}\sum_{k=2}^{n}\binom{n}{k}\zeta(k-n)
\end{aligned}$$

となります．したがって，$s=1-n$ は除去可能特異点であり，$\zeta(s)$ は $s=1-n$ において正則であることが確認できました．つまり，ゼータ関数を $s=1$ を除く全複素平面に解析接続できることを確認できました．

●定理 11.4.1 ゼータ関数の解析接続

$\zeta(s)$ は $s=1$ を除く全複素平面に解析接続することができ，n を自然数とすると

$$\zeta(1-n) = -\frac{1}{n+1} - \frac{1}{n}\sum_{k=2}^{n}\binom{n}{k}\zeta(k-n) \tag{11.3}$$

が成り立つ．

(11.3) を用いて，ゼータ関数の負の値を求めてみましょう．

$n=1,2$ とすると，すでに求められている $\zeta(0)=-\frac{1}{2}$，$\zeta(-1)=-\frac{1}{12}$ を求めることができます．

■$\zeta(-2)$

$n=3$ とすると

$$\begin{aligned}\zeta(-2) &= -\frac{1}{4} - \frac{1}{3}\cdot\frac{3\cdot 2}{2\cdot 1}\zeta(-1) - \frac{1}{3}\zeta(0)\\ &= -\frac{1}{4} + \frac{1}{12} + \frac{1}{6}\\ &= 0\end{aligned}$$

■$\zeta(-3)$

$n=4$ とすると

$$\begin{aligned}\zeta(-3) &= -\frac{1}{5} - \frac{1}{4}\cdot\frac{4\cdot 3}{2\cdot 1}\zeta(-2) - \frac{1}{4}\cdot\frac{4\cdot 3\cdot 2}{3\cdot 2\cdot 1}\zeta(-1) - \frac{1}{4}\zeta(0)\\ &= -\frac{1}{5} + \frac{1}{12} + \frac{1}{8}\\ &= \frac{1}{120}\end{aligned}$$

■$\zeta(-4)$

$n=5$ とすると

$$\begin{aligned}\zeta(-4) &= -\frac{1}{6} - \frac{1}{5}\cdot\frac{5\cdot 4}{2\cdot 1}\zeta(-3) - \frac{1}{5}\cdot\frac{5\cdot 4\cdot 3}{3\cdot 2\cdot 1}\zeta(-2) - \frac{1}{5}\cdot\frac{5\cdot 4\cdot 3\cdot 2}{4\cdot 3\cdot 2\cdot 1}\zeta(-1) - \frac{1}{5}\zeta(0)\\ &= -\frac{1}{6} - \frac{1}{60} + \frac{1}{12} + \frac{1}{10}\\ &= \frac{-10-1+5+6}{60} = 0\end{aligned}$$

このように (11.3) を用いると，ゼータ関数の負の整数での値を次々と求めることができます．ここまでの例では，負の偶数では 0，負の奇数では有理数となっています．これが一般に成り立つことを確認するためには，ベルヌーイ数が必要となります．

11.5　ベルヌーイ数とは

ベルヌーイ数は，18 世紀初頭の数学者ヤコブ・ベルヌーイ（Jakob Bernoulli）によって研究された数です．驚くべきことに，ベルヌーイと同時代の日本の数学者関孝和も同様の数を考えていました．

■ベルヌーイ数とべき乗和の公式

ベルヌーイ数は，二項係数などと同様に数学の様々な分野に登場する数列ですが，数学史で最初に登場したのはべき乗和の公式においてでした．べき乗和とは，自然数 1 から k までの n 乗の和のことです．つまり

$$S_n(k) = \sum_{m=1}^{k} m^n$$

です．この中にベルヌーイ数が現れるのです．

次のような公式を見たことがあるでしょうか．

$$\begin{aligned}
S_1(k) &= 1 + 2 + 3 + \cdots + k &&= \frac{k(k+1)}{2} &&= \frac{1}{2}k^2 + \frac{1}{2}k \\
S_2(k) &= 1 + 2^2 + 3^3 + \cdots + k^2 &&= \frac{k(k+1)(2k+1)}{6} &&= \frac{1}{3}k^3 + \frac{1}{2}k^2 + \frac{1}{6}k \\
S_3(k) &= 1 + 2^3 + 3^3 + \cdots + k^3 &&= \frac{k^2(k+1)^2}{4} &&= \frac{1}{4}k^4 + \frac{1}{2}k^3 + \frac{1}{4}k^2 + 0\,k
\end{aligned}$$

さらに 4 乗和は，次のようになります．

$$\begin{aligned}
S_4(k) = 1 + 2^4 + 3^4 + \cdots + k^4 &= \frac{k(k+1)(2k+1)(3k^2+3k-1)}{30} \\
&= \frac{1}{5}k^5 + \frac{1}{2}k^4 + \frac{1}{3}k^3 - \frac{1}{30}k
\end{aligned}$$

このブルー部分（つまり 1 次の係数）を並べると，ベルヌーイ数 B_n が現れます．具体的には

$$B_1 = \frac{1}{2}, \quad B_2 = \frac{1}{6}, \quad B_3 = 0, \quad B_4 = -\frac{1}{30}$$

となります[*2]．

ここまでベルヌーイ数がべき乗和の 1 次の係数と同じであることを見てきましたが，これをベルヌーイ数の定義とすると，べき乗和の公式を最初に求める必要があり実用的ではありません．そこで，別の方法でベルヌーイ数を定義しましょう．ベルヌーイ数にはたくさんの定義がありますが，本書では次の漸化式でベルヌーイ数を定義します．

＊2　別の方法によりベルヌーイ数を定義する場合は $B_1 = -\frac{1}{2}$ となりますが，この定義との違いは B_1 の符号だけです．

●定義 11.5.1　ベルヌーイ数

次の漸化式で定まる B_n $(n = 1, 2, \ldots)$ を**ベルヌーイ数** と言う．

$$\sum_{k=1}^{n} \binom{n+1}{k} B_k = n$$

具体的に見ていきましょう．

例 11.5.2

- $n = 1$ のとき：$\binom{2}{1} B_1 = 1$ より $B_1 = \frac{1}{2}$*3
- $n = 2$ のとき：$\binom{3}{1} B_1 + \binom{3}{2} B_2 = 2$ より $3 \cdot \frac{1}{2} + 3B_2 = 2$ であるため，$B_2 = \frac{1}{6}$
- $n = 3$ のとき：$\binom{4}{1} B_1 + \binom{4}{2} B_2 + \binom{4}{3} B_3 = 3$ であり，$4 \cdot \frac{1}{2} + 6 \cdot \frac{1}{6} + 4B_3 = 3$ となるため $B_3 = 0$
- $n = 4$ のとき：$\binom{5}{1} B_1 + \binom{5}{2} B_2 + \binom{5}{3} B_3 + \binom{5}{4} B_4 = 4$ であり，$5 \cdot \frac{1}{2} + 10 \cdot \frac{1}{6} + 10 \cdot 0 + 5B_4 = 4$ となるため，$B_4 = -\frac{1}{30}$
- $n = 5$ のとき：$\binom{6}{1} B_1 + \binom{6}{2} B_2 + \binom{6}{3} B_3 + \binom{6}{4} B_4 + \binom{6}{5} B_5 = 5$ であり，$6 \cdot \frac{1}{2} + 15 \cdot \frac{1}{6} + 20 \cdot 0 + 15 \cdot -\frac{1}{30} + 6B_5 = 5$ となるため，$B_5 = 0$

さらに，これらを用いてもっと先のベルヌーイ数を求めることも可能です．後に証明しますが，奇数番目のベルヌーイ数は B_1 を除き 0 になり，また，偶数番目のベルヌーイ数の符号は交互に反転します．さらに，定義よりベルヌーイ数はすべて有理数です．なお，ここまでの例ではベルヌーイ数は 0 に近く，すべて -1 から 1 の範囲にありますが，この先のベルヌーイ数はすぐに大きくなります．奇数番目のベルヌーイ数は 0 になりますので，偶数番目のみ下記に記載しておきます．

$$B_6 = \frac{1}{42} \qquad B_8 = -\frac{1}{30} \qquad B_{10} = \frac{5}{66} \qquad B_{12} = -\frac{691}{2730}$$

$$B_{14} = \frac{7}{6} \qquad B_{16} = -\frac{3617}{510} \qquad B_{18} = \frac{43867}{798} \qquad B_{20} = -\frac{174611}{330}$$

$$B_{22} = \frac{854513}{138} \qquad B_{24} = -\frac{236364091}{2730} \qquad B_{26} = \frac{8553103}{6} \qquad B_{28} = -\frac{23749461029}{870}$$

*3　なお，前述のとおり $B_1 = -\frac{1}{2}$ の定義を採用している書籍もありますが，本書では $B_1 = \frac{1}{2}$ という定義を採用しています．

11.6 ゼータ関数の負の整数をベルヌーイ数で表す

(11.3) を用いると $\zeta(1-n)$ をベルヌーイ数を用いて表すことができます．

●定理 11.6.1　ゼータ関数の 0 および負の整数での特殊値

n を自然数とすると，次が成り立つ．

$$\zeta(1-n) = -\frac{B_n}{n}$$

証明

自然数 n に対し $A_n = -n\zeta(1-n)$ とおく．すると，$A_{n-k+1} = -(n-k+1)\zeta(k-n)$ となる．この式と (11.3) を用いて A_n を変形すると

$$\begin{aligned} A_n = -n\zeta(1-n) &= \frac{n}{n+1} + \sum_{k=2}^{n} \binom{n}{k} \frac{1}{n-k+1}(n-k+1)\zeta(k-n) \\ &= \frac{n}{n+1} - \sum_{k=2}^{n} \binom{n}{k} \frac{1}{n-k+1} A_{n-k+1} \\ &= \frac{n}{n+1} - \frac{1}{n+1} \sum_{k=2}^{n} \binom{n+1}{n-k+1} A_{n-k+1} \end{aligned} \tag{11.4}$$

ここで，$\frac{1}{n-k+1}\binom{n}{k} = \frac{1}{n-k+1}\binom{n}{n-k} = \frac{1}{n+1}\binom{n+1}{n-k+1}$ を用いた．$k' = n-k+1$ とおくと k が 2 から n まで動くとき k' は $n-1$ から 1 まで動く．したがって，式 (11.4) は $(n+1)A_n = \binom{n+1}{n} A_n = n - \sum_{k'=1}^{n-1} \binom{n+1}{k'} A_{k'}$ となり $\sum_{k=1}^{n} \binom{n+1}{k} A_k = n$ となるが，これはベルヌーイ数の定義そのものである．したがって，

$$B_n = A_n = -n\zeta(1-n)$$

$$\zeta(1-n) = -\frac{B_n}{n}$$

となる．

これによって，例えば，$\zeta(-27) = \frac{23749461029}{28 \cdot 870}$ などと求めることができます．ゼータ関数のグラフを描くと左にいくほど振幅が大きくなることは「はじめに」の Figure 3 からも確認できます．

第12章 オイラー，ラマヌジャンによる不思議な方法

12.1　$1+2+3+4+\cdots=-\dfrac{1}{12}$?

オイラーは，1749 年ごろ，次のような不思議な級数の値を求めました[*1]．

$$1+1+1+1+\cdots \quad =-\frac{1}{2}$$
$$1+2+3+4+\cdots \quad =-\frac{1}{12}$$
$$1+2^2+3^2+4^2+\cdots=0$$

また，その約 160 年後の 1913 年，ラマヌジャンも，ハーディに対して出した手紙において同様の式に言及しています．これらの数字はどこかで見覚えがありますね．そうです，$\zeta(0)=-\frac{1}{2}$，$\zeta(1)=-\frac{1}{12}$，$\zeta(2)=0$ ですね．

ゼータ関数の定義式において形式的に $s=0$ とすると $\zeta(0)=1+1+1+\cdots$ となりますが，オイラーやラマヌジャンが求めたのはこの $\zeta(0)=-\frac{1}{2}$ だったのでしょうか？ ゼータ関数の定義式が収束するのは絶対収束域 $\mathrm{Re}\,s>1$ に限られますので，上の式は明らかに誤っています．しかし，それにも関わらず，なぜ（解析接続した）ゼータ関数の値と一致したのでしょうか．あるいは偶然だったのでしょうか．数学では，手法が誤っている場合であっても，しばしばその着想やアイデアの背景に数学的真理が隠されていることがあります．本章では，オイラーやラマヌジャンの方法の背景にどのような数学的真理が隠されているのか解き明かします．

*1　オイラーが実際に考えたのは，これらを交代級数（各項の符号が交互に現れる級数）としたものでした．

12.2 オイラー，ラマヌジャンによる方法

■1 + 1 + 1 + 1 + ⋯ を求める

オイラー，ラマヌジャンが $1+1+1+1+\cdots$ を求めた方法は次の二つの Step に分けられます．

Step I

最初に，$|x|<1$ なる x に対して次のような等比数列の和を考えます．

$$\frac{1}{1+x}=1-x+x^2-x^3+x^4-x^5+\cdots \tag{12.1}$$

この式の右辺に，$x=1$ を形式的に代入することにより，

$$1-1+1-1+1-1+\cdots=\frac{1}{2}$$

と求めます．もちろん，(12.1) は $x=1$ では収束していないため，$x=1$ を代入することはできません．したがってこの式は誤っていますが，ひとまずこれを認めて次のステップに進んでみます．この式の正当性については後に検討します．

Step II

次いで求めたい級数を Z とおきます．

$$Z=1+1+1+1+1+1+\cdots$$

そして，次のように $2Z$ から Z を引くと

$$\begin{array}{rl} 2Z= & \quad 2 \quad\; +2 \quad\; +2 \\ -)\ \ Z= & 1+1+1+1+1+1+\cdots \\ \hline Z= & -1+1-1+1-1+1-\cdots=-\dfrac{1}{2} \end{array}$$

となり，$Z=-\frac{1}{2}$ と求めることができます．驚くべきことに，これはゼータ関数を解析接続して求めた

$$\zeta(0)=-\frac{1}{2}$$

と一致します．

■$1+2+3+4+5+6+\cdots$ を求める

同様にオイラー・ラマヌジャンの方法で

$$1+2+3+4+5+6+\cdots$$

の値を求めてみましょう．

Step I (12.1) の両辺を微分すると

$$-\frac{1}{(1+x)^2} = -1+2x-3x^2+4x^3-5x^4+\cdots$$

となりますので両辺をマイナス倍すると

$$\frac{1}{(1+x)^2} = 1-2x+3x^2-4x^3+5x^4-\cdots \tag{12.2}$$

です．ここで，本来この式は $|x|<1$ でしか収束していませんが，収束性については気にせずに $x=1$ を代入すると，

$$1-2+3-4+5-6+\cdots = \frac{1}{4}$$

が形式的に成り立ちます．この式の正当性については後に検討します．

Step II

求めたい級数を

$$Z = 1+2+3+4+5+6+\cdots$$

とおきます．

そして，次のように Z から $4Z$ を引くと

$$\begin{array}{rl} Z = & 1+2+3+4+5\ \ +6+\cdots \\ -)\ \ 4Z = & \quad\ 4 \quad\ \ +8 \quad\ +12+\cdots \\ \hline -3Z = & 1-2+3-4+5\ \ -6+\cdots = \dfrac{1}{4} \end{array}$$

となりますが，右辺は Step I で $\frac{1}{4}$ と求められていましたので，結局，（収束しないことを無視すれば）

$$Z = 1+2+3+4+5+6+\cdots = -\frac{1}{12}$$

と求めることができました．驚くべきことに，この値は，前章で求めた $\zeta(-1) = -\frac{1}{12}$ と一致しています．

■$1 + 2^2 + 3^2 + 4^2 + 5^2 + 6^2 + \cdots$ を求める

同様に，オイラー・ラマヌジャンの方法で

$$1 + 2^2 + 3^2 + 4^2 + 5^2 + 6^2 + \cdots$$

も求めてみましょう．

Step I

$$1 - 2^2x + 3^2x^2 - 4^2x^3 + 5^2x^4 - 6^2x^5 + \cdots$$

を求めますが，それには少し工夫が必要です．(12.2) を x 倍し，

$$\frac{x}{(1+x)^2} = x - 2x^2 + 3x^3 - 4x^4 + 5x^5 - \cdots$$

としてから，x で微分すると，左辺は

$$\frac{(1+x)^2 - 2x(1+x)}{(1+x)^4} = \frac{(1+x)(1+x-2x)}{(1+x)^4} = \frac{1-x}{(1+x)^3}$$

右辺は，

$$1 - 2^2x + 3^2x^2 - 4^2x^3 + 5^2x^4 - 6^2x^5 + \cdots$$

となります．つまり

$$\frac{1-x}{(1+x)^3} = 1 - 2^2x + 3^2x^2 - 4^2x^3 + 5^2x^4 - 6^2x^5 + \cdots$$

です．この式は $|x| < 1$ でしか成り立っていませんが，収束性については気にせずに $x = 1$ を代入すると

$$1 - 2^2 + 3^2 - 4^2 + 5^2 - 6^2 + \cdots = 0$$

となります．

Step II

求たい級数を

$$Z = 1 + 2^2 + 3^2 + 4^2 + 5^2 + 6^2 + \cdots$$

とおき，Z から $8Z$ を引くと

$$\begin{array}{rrrrrrrrl} Z = & 1 & +2^2 & +3^2 & +4^2 & +5^2 & +6^2 & \cdots & \\ -)\ 2 \cdot 2^2 Z = & & 2 \cdot 2^2 & & +2 \cdot 4^2 & & +2 \cdot 6^2 & \cdots & \\ \hline -7Z = & 1 & -2^2 & +3^2 & -4^2 & +5^2 & -6^2 & \cdots & = 0 \end{array}$$

したがって，

$$Z = 1 + 2^2 + 3^2 + 4^2 + 5^2 + 6^2 + \cdots = 0$$

と分かります．驚くべきことに，これは $\zeta(-2) = 0$ と一致しています．ここまでくると偶然とは言い難いですね．

■オイラー・ラマヌジャンの方法の疑問

ここまでの説明で，オイラーとラマヌジャンの方法は二つの段階から成り立っていることが分かります．

Step I

Step I は，べき級数

$$1 - 2^n x + 3^n x^2 - 4^n x^3 + 5^n x^4 - 6^n x^5 + \cdots$$

に $x = 1$ を形式的に代入することにより，交代級数（各項の符号が交互に現れる級数）

$$1 - 2^n + 3^n - 4^n + 5^n - 6^n + \cdots$$

を求めるステップです．このステップでは，べき級数が収束していないにもかかわらず $x = 1$ を代入しています．この操作の意味については，次節で確認します．

Step II

Step II は，交代級数（各項の符号が交互に現れる級数）

$$1 - 2^n + 3^n - 4^n + 5^n - 6^n + \cdots$$

から，正項級数（各項の符号がすべて正である級数）

$$1 + 2^n + 3^n + 4^n + 5^n + 6^n + \cdots$$

を求めるステップです．このステップは，収束のことを考えなければ，次のような方法で求めることができます．

$$\begin{aligned} Z &= 1 + \quad 2^n + 3^n \quad + 4^n + 5^n \quad + 6^n + \cdots \\ 2^{n+1} Z &= \quad\ 2 \cdot 2^n \qquad + 2 \cdot 4^n \qquad + 2 \cdot 6^n + \cdots \end{aligned}$$

これらを引き算することにより

$$(1 - 2^{n+1}) Z = 1 - 2^n + 3^n - 4^n + 5^n - 6^n + \cdots$$

右辺は Step I で求められていますので，これにより Z を求めることができます．

このStep II では，明らかに発散する級数をあたかも収束級数であるかのように扱っています．なぜ，このような間違った方法を使っているのに，正しい結果を得られているのでしょうか？

以降の節ではこのオイラー・ラマヌジャンの方法を分析したうえで，その数学的正当性を確認していきます．

12.3 片側極限

オイラー・ラマヌジャンの方法の Step I では

$$\frac{1}{1+x} = 1 - x + x^2 - x^3 + x^4 - \cdots \tag{12.3}$$

の左辺に $x = 1$ を代入することにより

$$1 - 1 + 1 - 1 + 1 - 1 + \cdots = \frac{1}{2}$$

と求めました．(12.3) の右辺の収束範囲は $|x| < 1$ ですので，$x = 1$ を代入することはできません．ここが Step I の誤っているところです．しかし，確かにこの式に $x = 1$ を代入することはできませんが，$|x| < 1$ で成り立っているので，x を小さい方から 1 に近づけることはできるはずです．つまり，片側極限を考えることはできるのです．これを式で書くと

$$\lim_{x \nearrow 1}(1 - x + x^2 - x^3 + x^4 - \cdots) = \lim_{x \nearrow 1} \frac{1}{1+x} = \frac{1}{2} \tag{12.4}$$

となります．つまり，Step I で $x = 1$ を代入したと考えると正しい式にはなりませんが，$x \nearrow 1$ と片側極限をとったと考えれば，数学的に完全に正しい式となります．

■片側極限とは

ここで，片側極限とは何かを説明します．通常の「極限」においては，「どのような方法で近づけた」としても同じ値になるということが「極限」の定義に含まれています．例えば「$x \to 1$」には，x を大きい方から 1 に近づける場合でも，小さい方から 1 に近づける場合でも，同じ一つの値になるということが「収束する」という定義の中に含まれています．これに対し片側極限「$x \nearrow 1$」においては，x を小さい方から 1 に近づける場合だけを考えます．

(12.3) に話を戻すと，$|x| < 1$ の範囲では (12.3) が成立しているため，x を小さい方から 1 に近づけることは可能であり，その結果 (12.4) が成り立ちます．ここで，「1 に近づける」ことと「1 を代入する」ことは異なります．「1 に近づける」とは，「1 ではない値で，限りなく 1 に近づける」という意味です．

このような方法をアーベル総和法と言います．次節ではアーベル総和法を定義します．

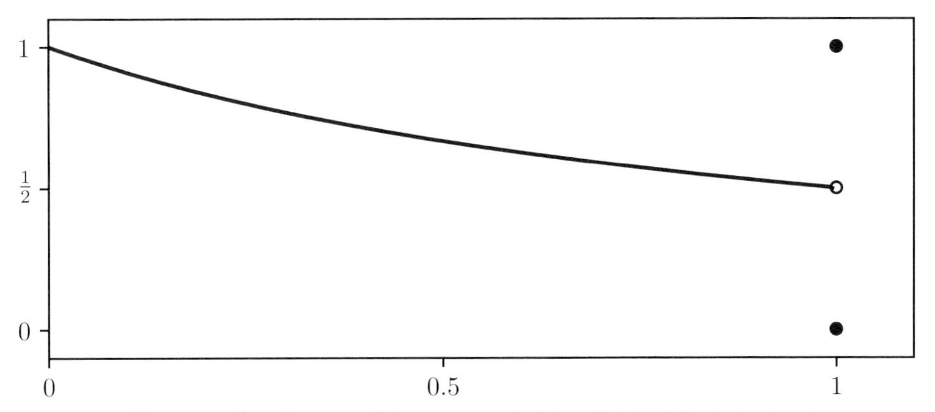

(a) $1-x+x^2-x^3+\cdots$ のグラフ：$x=1$ のときの n 項までの和は，1，$1-1=0$，$1-1+1=1$，$1-1+1-1=0$ と 1 と 0 とを振動するため収束しない．しかし，$x<1$ の範囲ではグラフのように収束しており，x を左から 1 に近づけると $\dfrac{1}{2}$ に収束する．

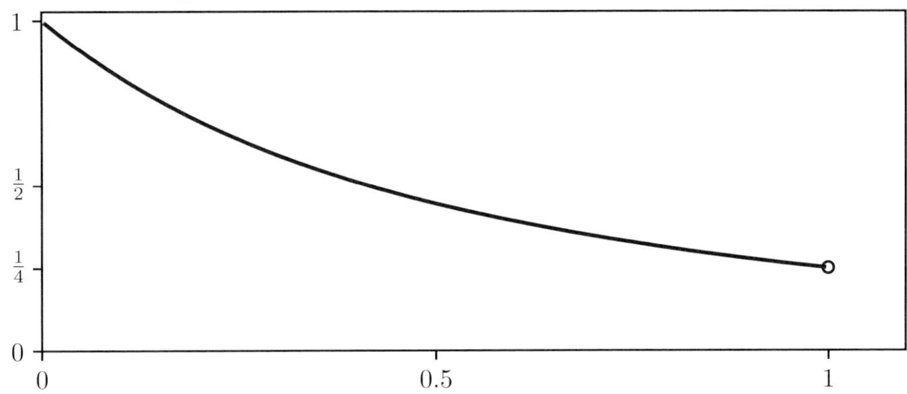

(b) $1-2x+3x^2-4x^3+\cdots$ のグラフ：$x=1$ のときの n 項までの和は，1，$1-2=-1$，$1-2+3=2$，$1-2+3-4=-2$，$1-2+3-4+5=3$ と振動するため収束しない．しかし，$x<1$ の範囲ではグラフのように収束しており，x を左から 1 に近づけると $\dfrac{1}{4}$ に収束する．

Figure 12.1：片側極限

これらのグラフのように，$x=1$ を代入すると収束しないが，x を左から 1 に近づける場合には一定の値に収束することがある．これをアーベル和と言う．

12.4　アーベル総和法

収束するとは限らない級数に（なんらかの方法により）有限の値を割り当てる方法を**総和法（summation method）**と言います．総和法にはたくさんの方法がありますが，ここでは「アーベル総和法」というものを見ていきます．

例えば，前節では収束しない級数 $1-1+1-1+\cdots$ に対し，べき級数

$$1-x+x^2-x^3+\cdots$$

を考えました．そして，このべき級数は（x を公比とする等比級数であるため）$|x|<1$ の範囲で収束していたので，片側極限 $x \nearrow 1$ をとったのでした．

これと同じことを行います．収束するとは限らない級数 $\displaystyle\sum_{k=1}^{\infty} a_k$ に対し，べき級数

$$\sum_{k=1}^{\infty} a_k x^{k-1}$$

を考えます．この級数が $|x|<1$ で収束し，片側極限

$$\lim_{x \nearrow 1}(a_1+a_2x+a_3x^2+a_4x^3+\cdots)$$

が存在する場合，その値をアーベル和と言います．

●定義 12.4.1　アーベル総和法

級数 $\displaystyle\sum_{k=1}^{\infty} a_k$ に対し，べき級数 $\displaystyle\sum_{k=1}^{\infty} a_k x^{k-1}$ が $|x|<1$ で収束し，片側極限 $\displaystyle\lim_{x \nearrow 1}(a_1+a_2x+a_3x^2+a_4x^3+\cdots)$ が存在するとき，級数 $\displaystyle\sum_{k=1}^{\infty} a_k$ は**アーベル総和可能**であると言い，この片側極限の値を**アーベル和**と言う．また，通常の意味での級数と区別するため，アーベル和を $A\text{-}\displaystyle\sum_{k=1}^{\infty} a_k$ と記す．

このアーベル和を使うと，これまで Step I で求めた級数はすべてアーベル和であったことが分かります．

例 12.4.2

次の級数は，すべてアーベル総和可能であり，アーベル和はそれぞれ以下のとおりである*2.

(i) $A\text{-}(1-1+1-1+1-1+\cdots)=\frac{1}{2}$
(ii) $A\text{-}(1-2+3-4+5-6+\cdots)=\frac{1}{4}$
(iii) $A\text{-}(1-2^2+3^2-4^2+5^2-6^2+\cdots)=0$
(iv) $A\text{-}(1-2^3+3^3-4^3+5^3-6^3+\cdots)=-\frac{1}{8}$
(v) $A\text{-}(1-2^4+3^4-4^4+5^4-6^4+\cdots)=0$

以上より，オイラー・ラマヌジャンの方法の Step I は，アーベル和を求めていたことが分かりました．つまり，$x=1$ を代入したのではなく，片側極限をとった（つまり，$x=1$ を代入することなく，左側から限りなく $x=1$ に近づけた）と考えることにより，数学的に正当化できるのです．

■アーベル和と通常の級数の関係

ここで，アーベル和と通常の意味で収束する級数との間にどのような関係があるのか見ておきましょう．例えば，級数 $\sum_{k=1}^{\infty} a_k$ が（通常の意味で）収束するとき，この級数はアーベル総和可能でしょうか．その場合アーベル和はいくつになるのでしょうか．実は，（通常の意味で）収束する級数はアーベル総和可能であり，その（通常の意味における）級数の値はアーベル和と等しくなります．これを**アーベルの連続性定理**と言います．本書では証明をしませんが，結果だけご紹介します．

●定理 12.4.3　アーベルの連続性定理

級数 $\sum_{k=1}^{\infty} a_k$ が（通常の意味で）収束するとき，この級数はアーベル総和可能であり，そのアーベル和 $A\text{-}\sum_{k=1}^{\infty} a_k$ は $\sum_{k=1}^{\infty} a_k$ と一致する．つまり次が成り立つ．

$$\lim_{x \nearrow 1}(a_1+a_2x+a_3x^2+a_4x^3+\cdots)=\sum_{k=1}^{\infty} a_k$$

*2　(iv)(v) は求めていませんが，同じ方法で求めることができます．

12.5 イータ関数

Step I はアーベル和を求めるステップであることが分かりましたので，Step II について考えましょう．Step II では交代級数を正項級数に変換しています．そこで，ゼータ関数を交代化（符号を交互に反転させること）した関数を考えてみましょう．ゼータ関数の代わりに，各項を交代級数としたイータ関数を定義します．

●定義 12.5.1　イータ関数

複素数 s に対し

$$\eta(s) = 1 - \frac{1}{2^s} + \frac{1}{3^s} - \frac{1}{4^s} + \cdots$$

とおき，これを**ディリクレのイータ関数**と言う．

あえて「ディリクレの」と付いているのは，イータ関数には他にも「デデキントのイータ関数」などがあるからです．本書ではイータ関数と言えば，このディリクレのイータ関数を指すこととします．イータ関数は，ゼータ関数を交代級数化したものですので，ゼータ関数が収束している範囲（つまり絶対収束域）では収束しています．なぜなら，

$$\left|1 - \frac{1}{2^s} + \frac{1}{3^s} - \frac{1}{4^s} + \cdots\right| \leq 1 + \frac{1}{2^s} + \frac{1}{3^s} + \frac{1}{4^s} + \cdots = \zeta(s)$$

が成り立つからです．ただし，（本書で証明はしませんが，）実際は，次の命題のとおりイータ関数は絶対収束域より広い範囲で収束しています．

●命題 12.5.2　イータ関数の収束範囲，正則性

イータ関数

$$\eta(s) = 1 - \frac{1}{2^s} + \frac{1}{3^s} - \frac{1}{4^s} + \cdots$$

は，$\mathrm{Re}\, s > 0$ において収束し，また，この範囲で正則である．

■イータ関数とゼータ関数の関係

イータ関数とゼータ関数の関係を考えます．イータ関数とゼータ関数には，次のような関係があります．

●定理 12.5.3 ゼータ関数とイータ関数の関係

イータ関数 $\eta(s)$ は全複素平面に解析接続され任意の複素数 s に対し，次が成り立つ．

$$\eta(s) = (1 - 2^{1-s})\zeta(s)$$

証明

ゼータ関数，イータ関数ともに絶対収束している絶対収束域 $\mathrm{Re}\, s > 1$ で考える．このとき

$$\begin{aligned}\zeta(s) &= 1 + \frac{1}{2^s} + \frac{1}{3^s} + \frac{1}{4^s} + \frac{1}{5^s} + \frac{1}{6^s} + \cdots \\ \frac{2}{2^s}\zeta(s) &= \quad 2\cdot\frac{1}{2^s} \qquad + 2\cdot\frac{1}{4^s} \qquad + 2\cdot\frac{1}{6^s} + \cdots\end{aligned}$$

として，両辺を引くと

$$\left(1 - \frac{1}{2^{s-1}}\right)\zeta(s) = 1 - \frac{1}{2^s} + \frac{1}{3^s} - \frac{1}{4^s} + \frac{1}{5^s} - \frac{1}{6^s} + \cdots = \eta(s)$$

つまり，$\mathrm{Re}\, s > 1$ において

$$\eta(s) = (1 - 2^{1-s})\zeta(s)$$

が成り立つ*3．ここで，右辺は $s = 1$ を除く全複素平面において定義されているため，この等式を用いてイータ関数を $s = 1$ を除く全複素平面に解析接続できる．

さらに，$s = 1$ が $\eta(s)$ の除去可能特異点であることを確認する．$s \to 1$ のときの極限を考えると

$$\lim_{s\to 1}\eta(s) = \lim_{s\to 1}(1 - 2^{1-s})\zeta(s) = \lim_{s\to 1}\frac{1 - 2^{1-s}}{s-1}(s-1)\zeta(s) = \log 2$$

となる．ここで，

$$\lim_{s\to 1}\frac{1 - 2^{1-s}}{s-1} = \lim_{t\to 0}\frac{1 - 2^{-t}}{t} = \log 2^{*4}$$

と $\lim_{s\to 1}(s-1)\zeta(s) = 1$（定理 11.1.1）を用いた．つまり，$s = 1$ はイータ関数の除去可能特異点であり（定理 6.4.4），イータ関数は $s = 1$ において正則であることが示された．

Step II はどうやらイータ関数と関係がありそうです．これを次節で検討します．

---

*3 ゼータ関数は絶対収束域で絶対収束しているため和の順序を変えられるという性質を使っています．

*4 関数 -2^{-t} の $t = 0$ の微分が $\log 2$ であることを使っています．

12.6 オイラー，ラマヌジャンの方法の正当化

■Step I

§ 12.4 のとおり，オイラー・ラマヌジャンの方法の Step I において求めた値はアーベル和であったことが分かりました．Step I ではアーベル和

$$A\text{-}\left(1-\frac{1}{2^s}+\frac{1}{3^s}-\frac{1}{4^s}+\cdots\right)$$

を求めていたのでした．

（本書では証明を省略しますが，）任意の複素数でこのアーベル和は存在し，s を変数とする関数と考えると正則関数になります．しかも，イータ関数が収束している範囲では，この和は，通常の意味の和と一致しますので（定理 12.4.3），この範囲でアーベル和はイータ関数と一致しています．したがって，一致の定理（定理 7.3.1）より，任意の複素数 s において一致することが分かります．

> s を任意の複素数とするとき級数 $\displaystyle\sum_{n=1}^{\infty}(-1)^{n-1}\frac{1}{n^s}$ はアーベル総和可能であり，アーベル和 $A\text{-}\left(\displaystyle\sum_{n=1}^{\infty}(-1)^{n-1}\frac{1}{n^s}\right)$ を s の関数と考えるとき全複素平面で正則である．
>
> したがって，全複素平面上で，$\eta(s)=A\text{-}\left(\displaystyle\sum_{n=1}^{\infty}(-1)^{n-1}\frac{1}{n^s}\right)$ が成り立つ．

このように $A\text{-}\left(\displaystyle\sum_{n=1}^{\infty}(-1)^{n-1}\frac{1}{n^s}\right)$ は，任意の複素数 s において値をもち，しかも，その値は $\eta(s)$ と一致することが分かりました．

これによって，オイラー・ラマヌジャンの方法の Step I は，$\eta(s)$ の $s=0,-1,-2,\ldots$ の値，つまり，イータ関数の特殊値を求めていたことだと分かります．オイラー・ラマヌジャンの方法は，$x=1$ で発散する級数に $x=1$ を代入するという数学的に誤った方法ではなく，$x\nearrow 1$ の片側極限をとったもの，つまりアーベル和であり，それはとりもなおさずイータ関数の値であったのです．

> Step I の結果は $\eta(s)$ の値であった．つまり，オイラー・ラマヌジャンが求めていたのは次の値である．
>
> $$\eta(0)=\frac{1}{2}\qquad \eta(-1)=\frac{1}{4}\qquad \eta(-2)=0\qquad \eta(-3)=-\frac{1}{8}\qquad \eta(-4)=0$$

■Step II

Step II では，

$$
\begin{aligned}
Z &= 1 + \quad 2^n + 3^n \quad + 4^n + 5^n \quad + 6^n + \cdots \\
2^{n+1}Z &= \quad\quad 2 \cdot 2^n \quad\quad + 2 \cdot 4^n \quad\quad + 2 \cdot 6^n + \cdots
\end{aligned}
$$

これらを引き算することにより

$$(1 - 2^{n+1})Z = 1 - 2^n + 3^n - 4^n + 5^n - 6^n + \cdots$$

を求めました．この方法はどこかで使いませんでしたか？ そうです．これは，ゼータ関数とイータ関数の関係（定理 12.5.3）

$$(1 - 2^{n+1})\zeta(-n) = \eta(-n)$$

そのものです．つまり，Step II では，ゼータ関数とイータ関数の関係式（定理 12.5.3）により，ゼータ関数の値を求めていたのでした！

> Step II は，Step I で求めたイータ関数の値から定理 12.5.3 を用いてゼータ関数の値を求めていた．つまり，オイラー・ラマヌジャンが求めたのは次の値であった．
>
> $$\zeta(0) = \frac{\eta(0)}{1-2} = -\frac{1}{2}$$
> $$\zeta(-1) = \frac{\eta(-1)}{1-2^2} = -\frac{1}{12}$$
> $$\zeta(-2) = \frac{\eta(-2)}{1-2^3} = 0$$
> $$\zeta(-3) = \frac{\eta(-3)}{1-2^4} = \frac{1}{120}$$
> $$\zeta(-4) = \frac{\eta(-4)}{1-2^5} = 0$$

■オイラー・ラマヌジャンの方法の正当化

上記のとおり，Step I では，アーベル和を用いて，解析接続された $\eta(-n)$ を求めたのでした．そして，Step II では，ゼータ関数とイータ関数の関係式（定理 12.5.3）を用いて，$\zeta(-n)$ を求めたのでした．

つまり，オイラーやラマヌジャンが求めたものは，まぎれもなく（解析接続された）ゼータ関数の値であったことが分かりました！

つまり，オイラーやラマヌジャンの方法は，当人たちがどの程度意識していたのかはともかくとしても，現代数学の観点から考えると，正則関数として定義域を拡大（解析接続）したゼータ関数の値を求めていたことになります．私たちは，オイラーやラマヌジャンの偉大さにただただ驚くしかありません．

12.7　$\zeta'(0)$ を求める

Part V の締めくくりとして，イータ関数を用いてゼータ関数の微分 $\zeta'(0)$ を求めてみましょう．定理 12.5.3 より，複素平面上の任意の s で次が成り立っています．

$$\eta(s) = (1 - 2^{1-s})\zeta(s)$$

この両辺を微分します．すると

$$\eta'(s) = 2^{1-s}\log 2 \cdot \zeta(s) + (1 - 2^{1-s})\zeta'(s)$$

となります．ここに $s = 0$ を代入すると

$$\eta'(0) = 2\log 2 \cdot \zeta(0) - \zeta'(0) = -\log 2 - \zeta'(0) \tag{12.5}$$

となります．したがって，$\eta'(0)$ が分かれば $\zeta'(0)$ も分かります．

そこで，イータ関数の定義式を次のように変形します*5．

$$\begin{aligned}
\eta(s) &= \frac{1}{1^s} - \frac{1}{2^s} + \frac{1}{3^s} - \frac{1}{4^s} + \cdots \\
&= \frac{1}{2}\left(\frac{1}{1^s} + \frac{1}{1^s} - \frac{1}{2^s} - \frac{1}{2^s} + \frac{1}{3^s} + \frac{1}{3^s} - \frac{1}{4^s} - \frac{1}{4^s} + \cdots\right) \\
&= \frac{1}{2} + \frac{1}{2}\left(\left(\frac{1}{1^s} - \frac{1}{2^s}\right) - \left(\frac{1}{2^s} - \frac{1}{3^s}\right) + \left(\frac{1}{3^s} - \frac{1}{4^s}\right) - \left(\frac{1}{4^s} - \frac{1}{5^s}\right) + \cdots\right)
\end{aligned}$$

両辺を微分すると

$$\eta'(s) = \frac{1}{2}\left(\left(-\frac{\log 1}{1^s} + \frac{\log 2}{2^s}\right) - \left(-\frac{\log 2}{2^s} + \frac{\log 3}{3^s}\right) + \left(-\frac{\log 3}{3^s} + \frac{\log 4}{4^s}\right) - \left(-\frac{\log 4}{4^s} + \frac{\log 5}{5^s}\right) + \cdots\right)$$

この右辺は $\mathrm{Re}\, s > 0$ の範囲で収束していることから，$s \searrow 0$ と 0 に上から近づけてみます．すると，$\eta(s)$ は全複素平面で正則であるため*6

$$\begin{aligned}
\eta'(0) &= \frac{1}{2}((-\log 1 + \log 2) - (-\log 2 + \log 3) + (-\log 3 + \log 4) - (-\log 4 + \log 5) + \cdots) \\
&= \frac{1}{2}\left(\log \frac{2}{1}\frac{2}{3}\frac{4}{3}\frac{4}{5}\cdots\right) = \frac{1}{2}\log\frac{\pi}{2} \quad \text{（ウォリスの公式（命題 4.6.1）より）}
\end{aligned}$$

したがって，(12.5) より

$$\begin{aligned}
\zeta'(0) &= -\eta'(0) - \log 2 \\
&= -\frac{1}{2}\log\frac{\pi}{2} - \log 2 \\
&= -\frac{1}{2}\log\frac{\pi}{2} - \frac{1}{2}\log 4 = -\frac{1}{2}\log 2\pi
\end{aligned}$$

---

*5　ただし，当面は和の順序を交換できる絶対収束域 $\mathrm{Re}\, s > 1$ で考えます．

*6　ここまで $\mathrm{Re}\, s > 1$ と仮定していましたが，上の式の右辺は $\mathrm{Re}\, s > 0$ の範囲で広義一様収束しており，そのため s の関数として正則であることから $s \searrow 0$ とすることができます．さらに，その値が $\eta'(0)$ に等しいことは，べき級数におけるアーベルの連続性定理と類似の定理がディリクレ級数でも成り立つこと（[26]）から分かります．

以上より $\zeta'(0)$ が求まりました．

命題 12.7.1　ゼータ関数の $s=0$ での微分

$$\zeta'(0) = -\frac{1}{2}\log 2\pi$$

この結果は Part VI で使います．

Column ＞総和法

アーベル総和法のように，本来，発散している級数に対して一定の方法で数を割り当てる方法を，**総和法（summation method）**と言います．級数の収束について，現代のような定義（イプシロン-デルタ論法）が確立したのは，コーシー（Augustin Louis Cauchy）によるところが大きいですが，現代のような収束概念が確立するまでは，様々な方法の総和法が考えられ，活発な研究がなされていました．アーベル総和法は総和法の代表例ですが，これ以外にも多数の方法があります（[1]，[33]，[34]）．

■チェザロ和

アーベル和の他にも，総和法の代表的な例としてチェザロ和があります．チェザロ和とは，数列 a_n に対して第 n 項までの和を $s_n = a_1 + a_2 + a_3 + \cdots + a_n$ としたとき s_1，s_2，s_3，...，s_n の平均

$$M_n = \frac{s_1 + s_2 + s_3 + \ldots + s_n}{n}$$

を考えます．この平均 M_n が極限をもつとき，その極限を**チェザロ和**と言います．

定義が複雑ですので，例を考えます．例えば，$1, -1, 1, -1, \ldots$ という数列を考えます．このとき，n 項までの和 s_n は

$$s_n = \begin{cases} 0 & (n：偶数) \\ 1 & (n：奇数) \end{cases}$$

となります．そして，この s_n の n 項までの平均 M_n は

$$M_n = \begin{cases} \dfrac{n/2}{n} = \dfrac{1}{2} & (n：偶数) \\ \dfrac{(n-1)/2}{n} = \dfrac{n-1}{2n} & (n：奇数) \end{cases}$$

となり $\lim_{n\to\infty} M_n = \frac{1}{2}$ となります．つまり，チェザロ和は $\frac{1}{2}$ だと分かりました．

この例の場合，チェザロ和はアーベル和と同じ値になっています．実は，一般論として，チェザロ総和可能な場合には，アーベル総和可能であり，その和は一致するという定理があります．

Column > abc 予想

整数論の分野でリーマン予想と同様に有名な予想に abc 予想があります．1985 年にオステルレ（Joseph Oesterlé）とマッサー（David Masser）によって予想された，数学界では比較的新しい予想です．abc 予想とは次のような予想です．

■abc トリプル

$a + b = c$ を満たす互いに素な自然数の三つ組みを **abc トリプル**と呼びます．例えば，$(3, 5, 8)$ は abc トリプルですが，$(2, 8, 10)$ は（互いに素ではないため）abc トリプルではありません．また，自然数 n を $n = p_1^{r_1} p_2^{r_2} \cdots p_r^{r_r}$ と素因数分解するとき，素因数分解に現れる素数の積 $p_1 p_2 \cdots p_r$ を n の**根基（こんき，radical）**と呼び，$\mathrm{rad}(n)$ で表します．つまり $\mathrm{rad}(n) = p_1 p_2 \cdots p_r$ です．例えば，$30 = 2 \cdot 3 \cdot 5$ ですので $\mathrm{rad}(30) = 30$ です．また，$120 = 2^3 \cdot 3 \cdot 5$ ですので $\mathrm{rad}(120) = 30$ です．

■abc 予想とは

abc 予想とは，$\mathrm{rad}(abc)$ と c との大小関係に関する予想です．

例えば，abc トリプル $(3, 5, 8)$ に対して，$\mathrm{rad}(3 \cdot 5 \cdot 8) = \mathrm{rad}(2 \cdot 3 \cdot 5) = 30$ であり $c < \mathrm{rad}(abc)$ が成り立っています．また，abc トリプル $(5, 8, 13)$ に対して $\mathrm{rad}(5 \cdot 8 \cdot 13) = \mathrm{rad}(2 \cdot 5 \cdot 13) = 130$ であり $c < \mathrm{rad}(abc)$ が成り立っています．このように多くの例では $c < \mathrm{rad}(abc)$ が成り立っています．しかし，例えば abc トリプル $(1, 8, 9)$ に対しては $\mathrm{rad}(1 \cdot 8 \cdot 9) = \mathrm{rad}(2 \cdot 3) = 6$ であり，$c > \mathrm{rad}(abc)$ となっています．このように例外的に $c > \mathrm{rad}(abc)$ となる abc トリプルもあります．

abc 予想とは $\mathrm{rad}(abc)$ を少し大きくした $\mathrm{rad}(abc)^{1+\varepsilon}$ と c の大きさを比較するものです．

（abc 予想）任意の $\varepsilon > 0$ に対し有限個の abc トリプルを除くと次が成り立つ．

$$c < \mathrm{rad}(abc)^{1+\varepsilon}$$

abc 予想は，$a + b = c$ という「足し算」と，素因数の積（rad）という「掛け算」との関係を問題とする，整数論の根源的な予想の一つと考えられています．

■abc 予想の証明

2012 年，京都大学数理解析研究所の望月新一教授は，abc 予想を解いたとする論文を公表しました．それは，「宇宙際タイヒミュラー理論」という全く新しい理論を用いたものであり，合計 600 頁にも上る膨大なものでした．

2012 年に望月教授が論文を提出してから 7 年以上に渡って，査読（レビュー）が続いていましたが，2020 年 4 月，査読が終了し，数学の論文集に正式に掲載されることが公表されました．数学の論文は，論文集に掲載されるまでにその分野の専門家による査読がなされ，査読に通らない限り論文集には掲載されません．査読は，通常，数か月から 1 年程度で終了することが多いため，7 年以上もかかるというのは異例中の異例と言えます．これは，abc 予想の証明に望月教授が用いた「宇宙際タイヒミュラー理論」が，既存の数学の枠組みを大きく超えた，全く新しい手法である点によることが大きいです．「宇宙際タイヒミュラー理論」によりリーマン予想の証明の糸口が見つからないか期待されています．

ζ Part Ⅵ

太陽と月の美しい関係

第13章
un beau rapport —オイラーによる美しい関係—

13.1 Beautiful Relation

1750 年ごろ，オイラーはゼータ関数の新たな性質を論じた論文を発表しました（[35]）．その名は “Remarques sur un beau rapport entre les séries des puissances tant directes que réciproques” 英訳をすると “Remarks on a beautiful relation between direct as well as reciprocal power series” です．つまり「直接べき級数と相反べき級数との間の美しい関係について」とでもなりましょうか*1．オイラーの論文には頭文字 E からはじまる番号が振られており，この論文は E352 ですので，この論文を E352 と呼びましょう．

注目すべきは，オイラーは E352 の表題に “beautiful” という極めて主観的な形容詞を使っていることです．これは，数学などの科学論文の中では異例なことです．オイラーは人類史上最もたくさんの論文を書いた数学者と言われていますが，オイラーの論文リストを検索しても “beautiful”（原語で “beau”）という単語を使っているのは，E352 しかありません．オイラーをして “beautiful” と言わしめた関係とは，どのような関係なのでしょうか．Part VI では，オイラーが発見した「美しい関係」について見ていきます．

■太陽と月

Figure 13.1 を見ると，太陽と月のマークを用いて，

$$
\begin{aligned}
\text{太陽} &= 1^m - 2^m + 3^m - 4^m + \cdots \\
\text{月} &= \frac{1}{1^m} - \frac{1}{2^m} + \frac{1}{3^m} - \frac{1}{4^m} + \cdots
\end{aligned}
$$

としています．オイラーは，この太陽と月の間に「美しい関係」があることを見つけたのでした．この「美しい関係」とは，どのような関係なのでしょうか？

---

*1 「直接べき級数（direct power series）」「相反べき級数（reciprocal power series）」というのは訳語であり，このような数学用語はありません．

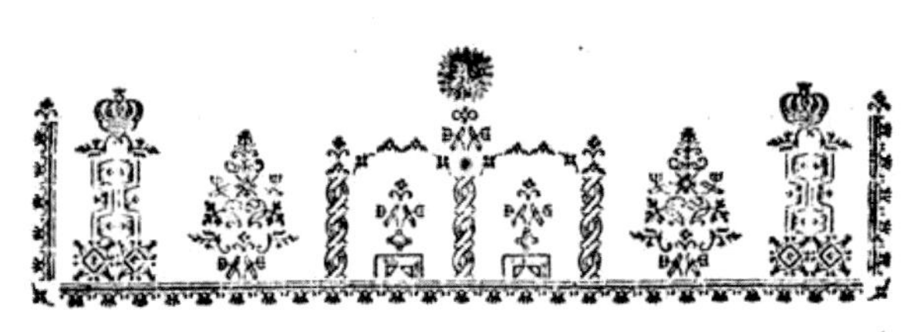

REMARQUES

SUR UN BEAU RAPPORT ENTRE LES SÉRIES DES PUISSANCES TANT DIRECTES QUE RÉCIPROQUES.

PAR M. L. EULER *).

I.

Le rapport, que je me propoſe de développer ici, regarde les ſommes de ces deux ſéries infinies générales:

$$\odot \cdot 1^m - 2^m + 3^m - 4^m + 5^m - 6^m + 7^m - 8^m + \&c.$$

$$☽ \cdot \frac{1}{1^n} - \frac{1}{2^n} + \frac{1}{3^n} - \frac{1}{4^n} + \frac{1}{5^n} - \frac{1}{6^n} + \frac{1}{7^n} - \frac{1}{8^n} + \&c.$$

dont la premiere contient toutes les puiſſances poſitives ou directes des nombres naturels, d'un expoſant quelconque m, & l'autre les puiſſances négatives ou réciproques des mêmes nombres naturels, d'un expoſant auſſi quelconque n, en faiſant varier alternativement les ſignes des termes de l'une & de l'autre ſérie. Mon but principal eſt donc de faire voir, que, quoique ces deux ſéries ſoient d'une nature tout à fait différente, leurs ſommes ſe trouvent pourtant dans un très beau rapport entr'elles; de ſorte que, ſi l'on étoit en état d'aſſigner en général la ſomme de l'une de ces deux eſpeces, on en pourroit déduire la ſomme

L 2 de

*) Lu en 1749.

Figure 13.1：オイラーによる記念碑的論文 E352（英訳：Remarks on a beautiful relation between direct as well as reciprocal power series）

オイラーは人類史上最も多くの論文を書いた数学者と言われているが，そのタイトルに beau（beautiful）という主観的な語を用いたのはこの E352 のみである．

冒頭に，太陽のマークと月のマークが描かれている．オイラーは，この太陽と月の間に「美しい関係」があることを発見した．

13.2 オイラーによる関数等式

オイラーが「美しい関係」と呼んだ関係は，現代では関数等式と呼ばれています．関数等式とは，一般的には二つの関数の間で成り立つ恒等式のことですが，ここでは，$\zeta(s)$ と $\zeta(1-s)$ との間に成り立つ恒等式*2のことを意味しています．

最初に，オイラーがどのように関数等式を発見したのか見ていきます．

ゼータ関数の負の整数での値は，ベルヌーイ数を用いて表すことができました（定理 11.6.1）．

$$\zeta(1-2n) = -\frac{B_{2n}}{2n}$$

また，次章で証明しますが，n を自然数とするとき

$$\zeta(2n) = (-1)^{n+1}\frac{(2\pi)^{2n}B_{2n}}{2\cdot(2n)!}$$

が成り立ちます（定理 13.2.1）．

このように，どちらにも同じベルヌーイ数 B_{2n} が含まれています．このことから，$\zeta(1-2n)$ と $\zeta(2n)$ との間に何か関係があるのではないかと考えるのは自然なことです．上の二つの式から $\dfrac{\zeta(1-2n)}{\zeta(2n)}$ を考えると B_{2n} を消去することができます．

$$\frac{\zeta(1-2n)}{\zeta(2n)} = (-1)^n\frac{(2n-1)!}{2^{2n-1}\pi^{2n}} \tag{13.1}$$

この式は n が自然数のとき（つまり $2n$ が偶数のとき）成立する式ですが，オイラーは，(13.1) が偶数以外でも成り立つと考えました．m を正の奇数とすると $\zeta(m)$ の値は求められていませんが，ゼータ関数は負の偶数で 0 となるため $\zeta(1-m)=0$ となり，その結果 $\dfrac{\zeta(1-m)}{\zeta(m)}=0$ となります*3（Figure 13.2 参照）．

したがって，

$$\frac{\zeta(1-n)}{\zeta(n)} = \begin{cases} (-1)^{\frac{n}{2}}\dfrac{(n-1)!}{2^{n-1}\pi^n} & (n：正の偶数) \\ 0 & (n：正の奇数) \end{cases}$$

となります．

さらに，オイラーは，この式が，このような場合分けの式ではなく，一つの式で表されると予想しました．しかも，正の整数だけではなく，実数一般に成り立つはずだと気が付いたのです．

---

*2　なお，オイラーが発見したのは $\eta(s)$ と $\eta(1-s)$ との関係ですが，イータ関数とゼータ関数には簡単な関係式がありますので（定理 12.5.3），ここではゼータ関数の関係式として表しています．

*3　$m=1$ のときは $\zeta(1-1)=\zeta(0)=-\dfrac{1}{12}$ ですが，$\zeta(1)=\infty$ と考えることにより $\dfrac{\zeta(0)}{\zeta(1)}=0$ と考えられます．

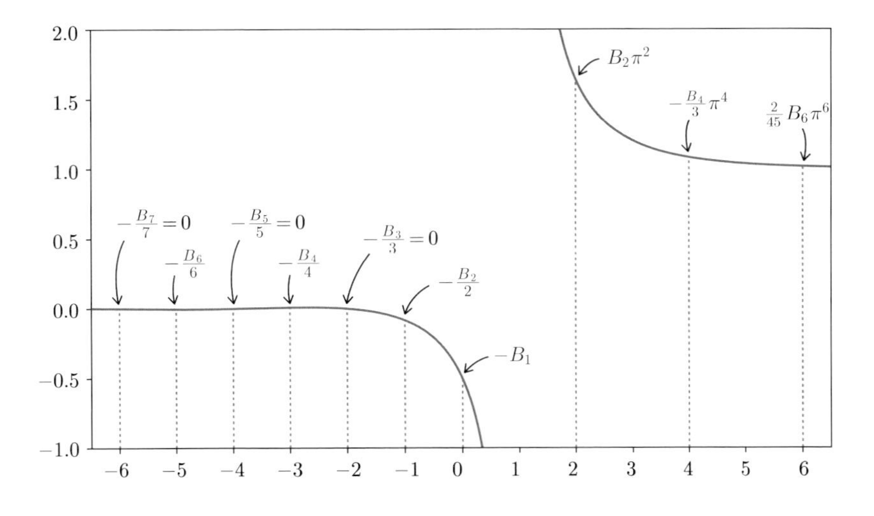

(a) ゼータ関数のグラフ

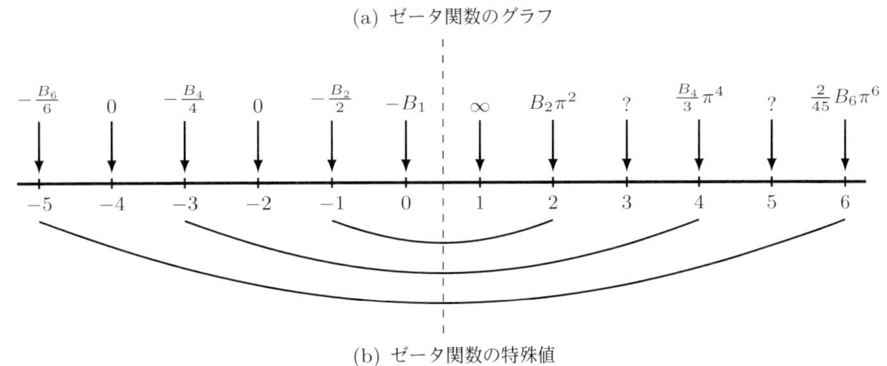

(b) ゼータ関数の特殊値

$1-s$	-5	-4	-3	-2	-1	0	$1-2n$	$\frac{1}{2}$
s	6	5	4	3	2	1	$2n$	$\frac{1}{2}$
$\zeta(1-s)$	$-\frac{B_6}{6}$	0	$-\frac{B_4}{4}$	0	$-\frac{B_2}{2}$	$-B_1$	$-\frac{B_{2n}}{2n}$	$\zeta(\frac{1}{2})$
$\zeta(s)$	$\frac{2}{45}B_6\pi^6$	?	$-\frac{B_4}{3}\pi^4$	?	$B_2\pi^2$	∞	$(-1)^{n+1}\frac{2^{2n\;\;1}B_{2n}}{(2n\;\;1)!}$	$\zeta(\frac{1}{2})$
$\frac{\zeta(1-s)}{\zeta(s)}$	$-\frac{15}{4}\frac{1}{\pi^6}$	0	$\frac{3}{4}\frac{1}{\pi^4}$	0	$-\frac{1}{2}\frac{1}{\pi^2}$	0	$(-1)^n\frac{(2n-1)!}{2^{2n\;\;1}\pi^{2n}}$	1

(c) $\frac{\zeta(1-s)}{\zeta(s)}$

Figure 13.2：ゼータ関数の関数等式

(a) はゼータ関数のグラフに特殊値をプロットしたもの，(b) はそれを数直線で表したものである．$s=\frac{1}{2}$ を中心として対称的にベルヌーイ数が現れることが分かる．

(c) は対応する $\frac{\zeta(1-s)}{\zeta(s)}$ を表としたもの．オイラーはこれに現れる符合 $(-1)^n$ は三角関数で表されると考え，また，階乗 $(n-1)!$ を（現代で言うところの）ガンマ関数で表すことにより，s が整数以外の有理数や実数で成り立つ式に一般化できると予想した．

■式を一つにする

この式を一つの式で表すにはどうしたらよいでしょうか？ 符号に着目すると $0 \to -1 \to 0 \to 1 \to 0 \to -1 \to \cdots$ となっています．つまり，周期 4 で符合が交互に繰り返します．そのような関数としては三角関数が考えられ，例えば，$\cos\frac{n\pi}{2}$ を用いると

$$\frac{\zeta(1-n)}{\zeta(n)} = \frac{\cos\frac{n\pi}{2}(n-1)!}{2^{n-1}\pi^n} \tag{13.2}$$

となります．確かに，n が奇数のときは 0 になり，偶数のときの符号は，$-1 \to 1 \to -1 \to \cdots$ となります．

■整数以外についても考える

(13.1) が整数のみならず，有理数や実数についても成り立つようにするには，どうすればよいでしょうか．

これを考えるには，整数以外においても $(n-1)!$ を定義する必要がありますが，階乗 $(n-1)!$ を一般化した関数はすでに登場していました．そうです，ガンマ関数です．

ガンマ関数を使うと，(13.2) は

$$\frac{\zeta(1-n)}{\zeta(n)} = \frac{\cos\frac{n\pi}{2}\Gamma(n)}{2^{n-1}\pi^n}$$

となります．かくしてオイラーは次のような美しい関係式を予想しました．証明（スケッチ）は次章で行うとして，ここで定理としてまとめておきます．

● 定理 13.2.1　関数等式（非対称型）

任意の複素数 s に対し次が成り立つ．

$$\zeta(1-s) = \frac{\cos\frac{s\pi}{2}\Gamma(s)}{2^{s-1}\pi^s}\zeta(s) \tag{13.3}$$

例 13.2.2

$s = \frac{1}{2}$ で正しいか確かめる．$s = \frac{1}{2}$ とすると $\cos\frac{\pi}{4} = \frac{\sqrt{2}}{2}$ であり，また，定理 8.3.1 より $\Gamma\left(\frac{1}{2}\right) = \sqrt{\pi}$ であるため

$$\frac{\cos\frac{s\pi}{2}\Gamma(s)}{2^{s-1}\pi^s} = \frac{\frac{\sqrt{2}}{2}\sqrt{\pi}}{2^{-\frac{1}{2}}\pi^{\frac{1}{2}}} = 1$$

となる．したがって，$\zeta\left(1-\frac{1}{2}\right) = \zeta\left(\frac{1}{2}\right)$ となり (13.3) は成立している．

ゲオルク・フリードリヒ・ベルンハルト・リーマン

リーマン（Georg Friedrich Bernhard Riemann，1826 年 9 月 17 日–1866 年 7 月 20 日）は，19 世紀を代表するドイツの数学者です．1826 年，ドイツ北部に位置していたハノーファー王国で生まれ，21 歳で当時ガウスやディリクレが活躍していたゲッティンゲン大学に入学し，25 歳でガウスの下で学位をとっています．学位論文は「1 複素変数関数の一般理論の基礎付け」でした．

1859 年に教授であったディリクレが亡くなったことから，ゲッティンゲン大学の教授に就任しました．同じ年，リーマンはベルリン学士院会員になったことから，ベルリン学士院月報に報告論文「与えられた数より小さい素数の個数について」を発表しています．リーマン，33 歳のときです．これが後にリーマン予想と呼ばれることになる予想が発表された記念すべき瞬間です．リーマンは数学でマルチな才能を発揮しましたが，こと整数論に関しては，これが唯一の論文でした．しかし，この整数論では唯一の論文において，オイラーによる関数等式をさらに美しい形にしたのです．また，当時は誰も想像すらしていなかったゼータ関数の零点と素数との間に見事な関係があることを示したのでした．

リーマンは，リーマン予想を公表してから 7 年後の 1866 年，39 歳の若さでこの世を去りました．リーマンが亡くなった後も，ゼータ関数について，様々な研究が他の数学者によってなされましたが，その後に発見されたリーマンの遺稿から，リーマンはすでにこれらの数学者のはるか先を行く結果を得ていたことが分かっています．リーマンは軽く数十年は当時の一流数学者のはるか先を一人で走っていたのでした．

リーマンは論文「与えられた数より小さい素数の個数について」の中で，素数計数関数 $\pi(x)$ を正確に求める公式—現在ではリーマンの明示公式と呼ばれる公式—を発表しました．リーマンの明示公式は，ゼータ関数の零点およびポールの情報で正確に（近似でなく等号で）$\pi(x)$ を書き表す画期的なものでした．これにより，ゼータ関数の零点とポールの情報から $\pi(x)$ が完全に分かることになります．本書では，この $\pi(x)$ の代わりにチェビシェフ関数 $\psi(x)$ の明示公式を求めます（Part VIII）．

13.3 リーマンによる関数等式

リーマンは 1859 年にオイラーの関数等式をさらに均整のとれた美しい形に変形しました．リーマンによる関数等式は次の形のものです．

●定理 13.3.1　関数等式（対称型）

任意の複素数 s に対して次が成り立つ．

$$\pi^{-\frac{s}{2}}\Gamma\left(\frac{s}{2}\right)\zeta(s) = \pi^{-\frac{1-s}{2}}\Gamma\left(\frac{1-s}{2}\right)\zeta(1-s) \tag{13.4}$$

つまり $\xi(s) = \pi^{-s/2}\Gamma\left(\frac{s}{2}\right)\zeta(s)$ とおくと，任意の複素数 s に対し次が成り立つ．

$$\xi(s) = \xi(1-s)$$

■関数等式の意味

$\xi(s) = \pi^{-\frac{s}{2}}\Gamma\left(\frac{s}{2}\right)\zeta(s)$ とおくと，$\xi(s) = \xi(1-s)$ が成立しています．ここで，s と $1-s$ の中点は $\dfrac{s+(1-s)}{2} = \dfrac{1}{2}$ であるため，Figure 13.3 のように $\xi(s)$ は $s = \dfrac{1}{2}$ を中心として完全に対称であることが分かります．この $\xi(s)$ を**クシー関数**と呼びましょう．Figure 13.4 は，クシー関数の偏角を色分けしたカラーマップです．これを見ると，原点のわずかに右の $s = \dfrac{1}{2}$ を中心として点対称であることが分かります．リーマンはこのように完全に左右で均衡となるよう関数等式を構成しなおしたのです．

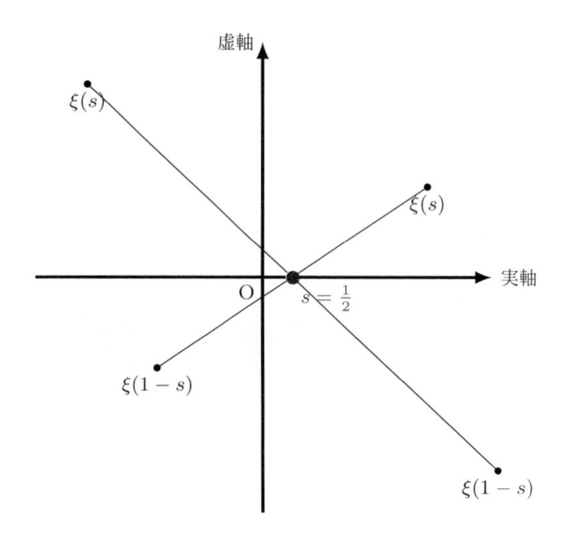

Figure 13.3：リーマンによる関数等式（対称型）は，$\xi(s) = \xi(1-s)$ であり，$s = \frac{1}{2}$ を中心とする対称的な点でのクシー関数の値が一致していることを意味している．

(a) カラーサンプル

Figure 13.4：$\xi(s)$ のカラーマップ

$\xi(s)$ の値の偏角を (a) のカラーサンプルで色分けしたもの．原点からわずかに右の位置にある $s=\frac{1}{2}$ を中心として点対称であることが分かる．$s=\frac{1}{2}$ を通り y 軸（虚軸）と平行な直線がクリティカルライン（Part VII）である．（なお，実軸について線対称な図形となっているのは，鏡像の原理のためである．）

第14章
関数等式の証明

14.1　ガンマ関数とゼータ関数の関係

本章では，関数等式（定理 13.2.1）の証明（スケッチ）をします．

最初にゼータ関数をガンマ関数とよく似た積分の形で表します．ゼータ関数には，実はガンマ関数とよく似た形の積分表示があることが分かります．

ガンマ関数の定義（定義 8.2.1）は

$$\Gamma(s)=\int_0^{+\infty}\frac{x^{s-1}}{e^x}dx$$

でした．この被積分関数の分母を少し変えた

$$\int_0^{+\infty}\frac{x^{s-1}}{e^x-1}dx$$

という積分を考えます．実は，この積分は，ゼータ関数とガンマ関数の積になります！

●定理 14.1.1　ゼータ関数の積分表示

$\mathrm{Re}\, s>1$ において[*1]次が成立する．

$$\zeta(s)=\frac{1}{\Gamma(s)}\int_0^{+\infty}\frac{x^{s-1}}{e^x-1}dx$$

*1　ゼータ関数のディリクレ級数が絶対収束する $\mathrm{Re}\, s>1$ を仮定していますが，ゼータ関数は解析接続されること，また，積分

$$\int_0^{+\infty}\frac{x^{s-1}}{e^x-1}dx$$

は $\mathrm{Re}\, s>0$ の範囲で広義一様収束することを使えば，実際は $\mathrm{Re}\, s>0$ の範囲で成り立っていることが分かります．

証明

$\dfrac{1}{e^x-1}$ は $x>0$ において

$$
\begin{aligned}
\frac{1}{e^x-1} &= \frac{1}{e^x}\frac{1}{1-e^{-x}} \\
&= \frac{1}{e^x}(1+e^{-x}+e^{-2x}+e^{-3x}+\cdots) \\
&= \sum_{n=1}^{\infty} e^{-nx}
\end{aligned}
$$

と表すことができるため，これを使うとゼータ関数とガンマ関数が収束している $\mathrm{Re}\, s>1$ の範囲で

$$
\begin{aligned}
\int_0^{+\infty} \frac{x^{s-1}}{e^x-1}dx &= \int_0^{+\infty} \sum_{n=1}^{\infty} e^{-nx}x^{s-1}dx \\
&\quad \text{（積分と和の順序の交換）} \\
&= \sum_{n=1}^{\infty} \int_0^{+\infty} e^{-nx}x^{s-1}dx \\
&\quad \text{（$y=nx$ で変数変換）} \\
&= \sum_{n=1}^{\infty} \int_0^{+\infty} e^{-y}\frac{y^{s-1}}{n^{s-1}}\frac{dy}{n} \\
&\quad \text{（$\sum n^{-s}$ を括り出す）} \\
&= \left(\sum_{n=1}^{\infty} \frac{1}{n^s}\right)\left(\int_0^{+\infty} y^{s-1}e^{-y}dy\right) \\
&\quad \text{（$\zeta(s)$ と $\Gamma(s)$ の定義より）} \\
&= \zeta(s)\Gamma(s)
\end{aligned}
$$

よって，示せた*2.

この定理の積分を**ゼータ関数の積分表示***3と言います．

*2 ここで登場した積分や和は，広義一様絶対収束しているため，積分や和の順序を変えることができます．

*3 本書では扱いませんが，リーマンによりもう一つの積分表示も発見されています．それと区別するため，この積分表示を第一積分表示と言うことがあります．

14.2 関数等式（非対称型）から関数等式（対称型）の導出

オイラーによる関数等式（非対称型）とリーマンによる関数等式（対称型）のそれぞれを再掲します.

$$\zeta(1-s) = \frac{\cos\frac{s\pi}{2}\Gamma(s)}{2^{s-1}\pi^s}\zeta(s) \tag{13.3}$$

$$\pi^{-\frac{s}{2}}\Gamma\left(\frac{s}{2}\right)\zeta(s) = \pi^{-\frac{1-s}{2}}\Gamma\left(\frac{1-s}{2}\right)\zeta(1-s) \tag{13.4}$$

(13.3) の証明（スケッチ）は次節で行いますので，ここでは (13.3) を認めたうえで，(13.3) から (13.4) を導出します.

 定理 13.2.1 から定理 13.3.1 を導く

(13.4) は,

$$\zeta(1-s) = \pi^{\frac{1}{2}-s}\Gamma\left(\frac{s}{2}\right)\Gamma\left(\frac{1-s}{2}\right)^{-1}\zeta(s)$$

と変形できる．したがって，(13.3) と比べると

$$\frac{\cos\frac{s\pi}{2}\Gamma(s)}{2^{s-1}\pi^s} = \pi^{\frac{1}{2}-s}\Gamma\left(\frac{s}{2}\right)\Gamma\left(\frac{1-s}{2}\right)^{-1}$$

つまり

$$\Gamma\left(\frac{1-s}{2}\right)\Gamma(s)\cos\frac{s\pi}{2} = 2^{s-1}\pi^{\frac{1}{2}}\Gamma\left(\frac{s}{2}\right) \tag{14.1}$$

を示せば，定理 13.2.1 から定理 13.3.1 を示すことができる.

ここで，ガンマ関数の相反公式（命題 9.2.1）

$$\frac{1}{\Gamma(s)\Gamma(1-s)} = \frac{\sin\pi s}{\pi}$$

の s に $\frac{1-s}{2}$ を代入して両辺の逆数をとると

$$\begin{aligned}\Gamma\left(\frac{1-s}{2}\right)\Gamma\left(\frac{1+s}{2}\right) &= \frac{\pi}{\sin(\frac{\pi}{2}-\frac{s}{2}\pi)} \\ &= \frac{\pi}{\cos\frac{s\pi}{2}}\end{aligned} \tag{14.2}$$

となる．また，ルジャンドルの 2 倍公式（命題 9.2.2）

$$\Gamma(2s) = \frac{2^{2s-1}}{\sqrt{\pi}}\Gamma(s)\Gamma\left(s+\frac{1}{2}\right)$$

の s に $\frac{s}{2}$ を代入すると

$$\Gamma(s) = \frac{2^{s-1}}{\sqrt{\pi}}\Gamma\left(\frac{s}{2}\right)\Gamma\left(\frac{s+1}{2}\right) \tag{14.3}$$

となる．(14.2)，(14.3) の辺々を掛けたうえで $\Gamma(\frac{s+1}{2})$ を消去すると

$$\Gamma\left(\frac{1-s}{2}\right)\Gamma(s) = \frac{\pi}{\cos\frac{s\pi}{2}} \cdot \frac{2^{s-1}}{\sqrt{\pi}}\Gamma\left(\frac{s}{2}\right)$$
$$= \frac{2^{s-1}\sqrt{\pi}}{\cos\frac{s\pi}{2}}\Gamma\left(\frac{s}{2}\right)$$

となるが，この式の両辺に $\cos\frac{s\pi}{2}$ を掛けると (14.1) となる．したがって，関数等式（非対称型）から関数等式（対称型）を導くことができた．

14.3　関数等式の証明―積分を計算する―

本節では，ゼータ関数の積分表示（定理 14.1.1）を 2 通りの方法で計算することにより関数等式の証明（スケッチ）を行います．複素関数論（特に留数定理）を用いますので，複素関数論に慣れていない人は飛ばして構いません．

最初にゼータ関数の積分表示に出てきた積分を複素積分として考えます．

$$\int_C \frac{z^{s-1}}{e^z - 1} dz \tag{14.4}$$

ここで，積分路 C として Figure 14.1 のような経路をとります．つまり，C は，実軸の ε だけ上を $+\infty$ から 0 の方向に動き（C_1），その後，原点を中心に半径 δ の円周上を反時計回りに動いて（C_2），最後に，実軸上の ε だけ下を $+\infty$ 方向に動きます（C_3）．

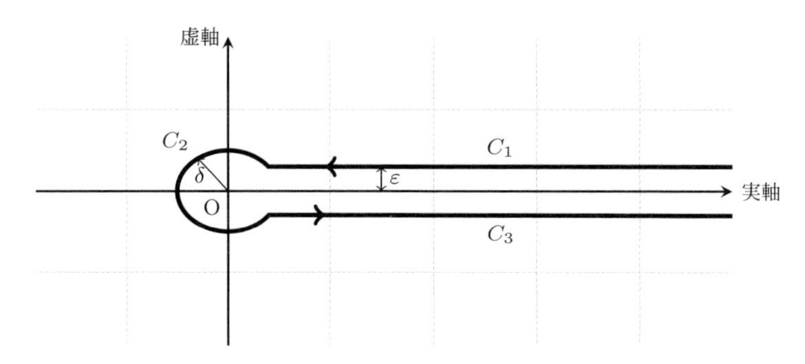

Figure 14.1：ハンケル積分路 C

積分路 C を**ハンケル積分路**と言います．最終的には，ε も δ も 0 に近づけた極限を考えます．したがって，最終的にハンケル積分路の行き（C_1）と帰り（C_3）は同じ実軸になります．そのため C_1 と C_3 の積分は互いに打ち消し合いそうですが，被積分関数の分子にある z^{s-1} は，z の偏角の取り方に依存する多価関数です（定義 5.5.1）．原点の回りを 1 周することにより偏角が 2π 増加するため，ハンケル積分路の行き C_1 と帰り C_3 とでは値が違ってきます．ハンケル積分路はその差をうまく捉えるものなのです．なお，ここでは，偏角を $0 \leq \theta < 2\pi$ の範囲でとることにします．

$$\int_C \frac{z^{s-1}}{e^z - 1} dz = \int_{C_1} \frac{z^{s-1}}{e^z - 1} dz + \int_{C_2} \frac{z^{s-1}}{e^z - 1} dz + \int_{C_3} \frac{z^{s-1}}{e^z - 1} dz$$

と分解できますが，$\mathrm{Re}\, s > 1$ と仮定すると $\delta \to 0$ とするとき，原点の回りで被積分関数の分子は分母に比べて十分早く 0 に近づきますので，第 2 項は 0 になります．

$$\lim_{\delta \to 0} \int_{C_2} \frac{z^{s-1}}{e^z - 1} dz = 0$$

■C_1，C_3 上での積分

この積分がポイントです．まず，C_1 上の積分を考えます．z は正の実軸より ε だけ上にあります．このとき，z^{s-1} は z の絶対値を r，偏角を θ とすると，定義 5.5.1 より $r^{s-1}e^{(s-1)\theta i}$ となります．ここで，z の偏角は $0 \leq \theta < 2\pi$ でとることにすると，θ はほぼ 0 であることに注意しましょう．そこで $\varepsilon \to 0$ とすると，偏角は 0 に近づき，$z^{s-1} \to r^{s-1}$ となります．したがって，r を x でおきなおすと

$$\lim_{\varepsilon \to 0} \int_{C_1} \frac{z^{s-1}}{e^z - 1} dz = \int_{\infty}^{0} \frac{x^{s-1}}{e^x - 1} dx$$

となります．（右辺は，実数関数としての（広義）積分です．）

次に，C_3 上の積分を考えますが，C_2 で原点の周りを 1 周しているため，z の偏角が 2π 増えています．つまり $\varepsilon \to 0$ のとき，z の偏角は 2π に近づきますので，$z^{s-1} \to r^{s-1}e^{(s-1)2\pi i} = r^{s-1}e^{2\pi si}$ となります．したがって，r を x でおきなおすと

$$\lim_{\varepsilon \to 0} \int_{C_3} \frac{z^{s-1}}{e^z - 1} dz = e^{2\pi si} \int_{0}^{\infty} \frac{x^{s-1}}{e^x - 1} dx$$

となります．

■まとめ

積分 (14.4) をまとめると

$$\begin{aligned}\int_C \frac{z^{s-1}}{e^z - 1} dz &= \int_{\infty}^{0} \frac{x^{s-1}}{e^x - 1} dx + e^{2\pi si} \int_{0}^{\infty} \frac{x^{s-1}}{e^x - 1} dx \\ &= (e^{2\pi si} - 1) \int_{0}^{+\infty} \frac{x^{s-1}}{e^x - 1} dx = (e^{2\pi si} - 1)\zeta(s)\Gamma(s) \qquad (14.5)\end{aligned}$$

です．最後の等式は定理 14.1.1 を用いました．

ここまでは $\mathrm{Re}\, s > 1$ を仮定してきましたが，(14.5) の右辺は，全複素平面上で正則です．なぜなら，ゼータ関数は $s = 1$ で 1 位のポールをもちますが，$(e^{2\pi si} - 1)$ は $s = 1$ で（1 位の）零点となっているためです．また，左辺も全複素平面で正則です．したがって，一致の定理（定理 7.3.1）より全複素平面で (14.5) が成立することが分かります．以上より次の補題が成り立ちます．

●補題 14.3.1　ゼータ関数の全複素平面における積分表示

C をハンケル積分路とすると，$s = 1$ を除く全複素平面で次が成立する．

$$\zeta(s) = \frac{1}{(e^{2\pi si} - 1)\Gamma(s)} \int_C \frac{z^{s-1}}{e^z - 1} dz$$

14.4 関数等式の証明—もう一つの積分計算—

補題 14.3.1 の積分

$$\int_C \frac{z^{s-1}}{e^z - 1} dz$$

を別の方法で求めてみます．これにより，関数等式（非対称型）（定理 13.2.1）の証明をします．

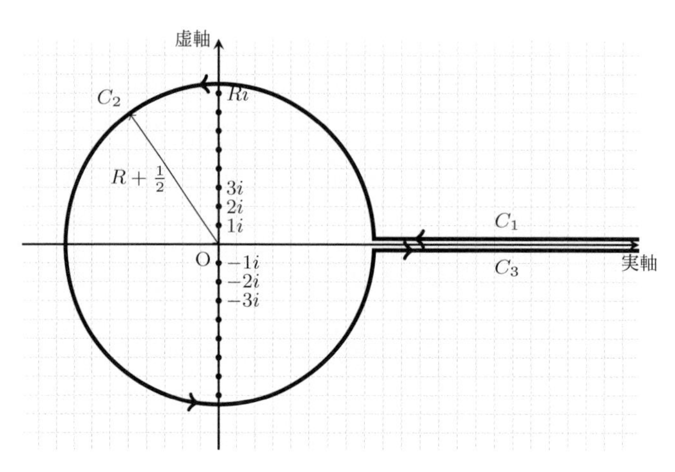

Figure 14.2：積分経路 C_R

R を（大きな）自然数とし，Figure 14.2 のような積分路を C_R とします．つまり，実軸の ε だけ上を $+\infty$ から $R + \frac{1}{2}$ まで進み（C_1），原点を中心に半径 $R + \frac{1}{2}$ の円周上を反時計回りに進んで（C_2），実軸の ε だけ下を $+\infty$ まで進む（C_3）経路とします．

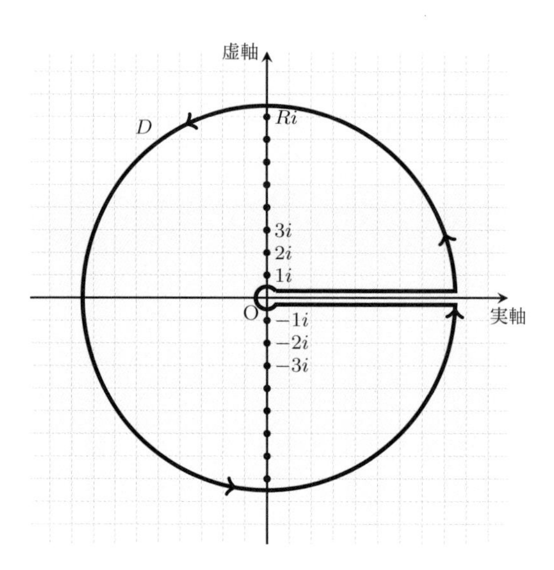

Figure 14.3：積分路 $D = C_R - C$

ここで，ハンケル積分路 C と C_R との差を $D = C_R - C$ とすると，D は Figure 14.3 のようになります．すると

$$\int_C \frac{z^{s-1}}{e^z - 1}dz = \int_{C_R} \frac{z^{s-1}}{e^z - 1}dz - \int_D \frac{z^{s-1}}{e^z - 1}dz$$

となります．

ここで $\mathrm{Re}\, s < 0$ と仮定すると，$R \to \infty$ のとき，（正確な議論は省略しますが）被積分関数の絶対値を十分小さくすることができますので，

$$\lim_{R\to\infty} \int_{C_R} \frac{z^{s-1}}{e^z - 1}dz = 0$$

となります．したがって，$R \to \infty$ のとき

$$\int_C \frac{z^{s-1}}{e^z - 1}dz = -\int_D \frac{z^{s-1}}{e^z - 1}dz$$

が成り立ち，D 上の積分を求めれば C 上の積分も分かることになります．

14.5 関数等式の証明—留数定理を用いる—

■D での積分を求める

留数定理（定理 6.7.1）を用いて，積分

$$\int_D \frac{z^{s-1}}{e^z-1}dz$$

を求めます．ここで，積分路 D の内部にあるポールは，$z=\pm 2n\pi i$ $(n=1,2,\ldots,R)$ です．そして，ポール $2n\pi i$ における留数は，

$$\lim_{z\to 2n\pi i}(z-2n\pi i)\frac{z^{s-1}}{e^z-1}=(2n\pi i)^{s-1}$$

です．なぜなら

$$\lim_{z\to 2n\pi i}\frac{e^z-1}{z-2n\pi i}$$

は，関数 $f(z)=e^z$ の $z=2n\pi i$ における微分と考えることができ，$f'(2n\pi i)=e^{2n\pi i}=1$ だからです．

ここで $n>0$ と仮定すると，$2n\pi i$ の偏角は $\frac{1}{2}\pi$ であるため

$$\begin{aligned}(2n\pi i)^{s-1}&=(2n\pi)^{s-1}e^{(s-1)\frac{1}{2}\pi i}\\&=-i(2n\pi)^{s-1}e^{\frac{1}{2}\pi si}\end{aligned}$$

となります．同様に $z=-2n\pi i$ の偏角は $\frac{3}{2}\pi$ ですので，

$$\begin{aligned}(-2\pi in)^{s-1}&=(2n\pi)^{s-1}e^{(s-1)\frac{3}{2}\pi i}\\&=i(2n\pi)^{s-1}e^{\frac{3}{2}\pi si}\end{aligned}$$

したがって，留数定理（定理 6.7.1）より

$$\begin{aligned}\int_D\frac{z^{s-1}}{e^z-1}dz&=2\pi i\times(D\text{ 内の留数の和})\\&=2\pi i\sum_{n=1}^{R}\left(-i(2n\pi)^{s-1}e^{\frac{1}{2}\pi si}+i(2n\pi)^{s-1}e^{\frac{3}{2}\pi si}\right)\\&=(2\pi)^s\sum_{n=1}^{R}\left(n^{s-1}e^{\frac{1}{2}\pi si}-n^{s-1}e^{\frac{3}{2}\pi si}\right)\\&=(2\pi)^s(e^{\frac{1}{2}\pi si}-e^{\frac{3}{2}\pi si})\sum_{n=1}^{R}n^{s-1}\end{aligned}$$

（i を括弧の中に入れ $(2\pi)^{s-1}$ を括り出す）
（$\sum n^{s-1}$ を括り出す）

ここで $R\to\infty$ とすると最後の項は $\zeta(1-s)$ に収束します．（ここで $\mathrm{Re}\,s<0$ と仮定していました．）したがって，$R\to\infty$ のとき

$$\int_D\frac{z^{s-1}}{e^z-1}dz=(2\pi)^s(e^{\frac{1}{2}\pi si}-e^{\frac{3}{2}\pi si})\zeta(1-s)$$

となります．つまり，

$$\int_C \frac{z^{s-1}}{e^z - 1} dz = (2\pi)^s (e^{\frac{3}{2}\pi si} - e^{\frac{1}{2}\pi si}) \zeta(1-s) \tag{14.6}$$

です．

一方，ゼータ関数の積分表示（定理 14.3.1）より

$$\zeta(s) = \frac{1}{(e^{2\pi si} - 1)\Gamma(s)} \int_C \frac{z^{s-1}}{e^z - 1} dz$$

が成り立っていますので，

$$\int_C \frac{z^{s-1}}{e^z - 1} dz = (e^{2\pi si} - 1)\Gamma(s)\zeta(s) \tag{14.7}$$

です．したがって，(14.6)，(14.7) より

$$(2\pi)^s (e^{\frac{3}{2}\pi si} - e^{\frac{1}{2}\pi si}) \zeta(1-s) = (e^{2\pi si} - 1)\Gamma(s)\zeta(s) \tag{14.8}$$

が成り立ちます．ここで，

$$\begin{aligned}
\frac{e^{2\pi si} - 1}{e^{\frac{3}{2}\pi si} - e^{\frac{1}{2}\pi si}} &= \frac{e^{\pi si}(e^{\pi si} - e^{-\pi si})}{e^{\pi si}(e^{\frac{1}{2}\pi si} - e^{-\frac{1}{2}\pi si})} \quad \longleftarrow e^{\pi si}\text{ で括り出す} \\
&= \frac{(e^{\frac{1}{2}\pi si} - e^{-\frac{1}{2}\pi si})(e^{\frac{1}{2}\pi si} + e^{-\frac{1}{2}\pi si})}{e^{\frac{1}{2}\pi si} - e^{-\frac{1}{2}\pi si}} \\
&= e^{\frac{1}{2}\pi si} + e^{-\frac{1}{2}\pi si} \\
&= 2\cos\frac{\pi s}{2} \quad \text{（オイラーの公式）}
\end{aligned}$$

ですので，これを用いて (14.8) を変形すると，

$$\zeta(1-s) = \frac{2\cos\frac{s\pi}{2}\Gamma(s)}{(2\pi)^s}\zeta(s) = \frac{\cos\frac{s\pi}{2}\Gamma(s)}{2^{s-1}\pi^s}\zeta(s)$$

となり，これはまさに関数等式（非対称型）です．

なお，ここまで $\mathrm{Re}\, s < 0$ と仮定していましたが，この式の両辺はゼータ関数のポールとなる $s = 0, 1$ を除き正則ですので，一致の定理（定理 7.3.1）を用いることにより，$s = 0, 1$ を除く全複素平面で成り立っていることが分かります．

関数等式の証明のスケッチは以上のとおりです．ゼータ関数の積分表示（定理 14.1.1）を 2 通りの方法で計算することにより，関数等式の証明ができました．

14.6 正の偶数における特殊値

本章の締めくくりとして，正の偶数 $2n$ におけるゼータ関数の値 $\zeta(2n)$ が，ベルヌーイ数で表されることを，関数等式を使って証明します．

● 定理 14.6.1　ゼータ関数の正の偶数での特殊値

n を自然数とするとき，次が成り立つ．

$$\zeta(2n) = (-1)^{n+1}\frac{(2\pi)^{2n}B_{2n}}{2\cdot(2n)!}$$

証明

n を自然数とするとき，定理 11.6.1 より，

$$\zeta(1-2n) = -\frac{B_{2n}}{2n}$$

となる．他方で，関数等式（非対称型）（定理 13.2.1）によると

$$\begin{aligned}\zeta(2n) &= \frac{(2\pi)^{2n}}{2\Gamma(2n)\cos(n\pi)}\zeta(1-2n)\\ &= (-1)^n\frac{(2\pi)^{2n}}{2\cdot(2n-1)!}\cdot(-1)\frac{B_{2n}}{2n}\\ &= (-1)^{n+1}\frac{(2\pi)^{2n}}{2\cdot(2n)!}B_{2n}\end{aligned}$$

■ベルヌーイ数の符号

ゼータ関数の定義より，ゼータ関数が正の偶数において正の値をとることは明らかですので，定理 14.6.1 より，ベルヌーイ数の偶数番目は，正と負を交互に繰り返すことが分かります．

■正の奇数での値は？

ゼータ関数の関数等式を用いて，正の奇数での値を求めることはできないのでしょうか？ 正の奇数での値についてはほとんど知られていないため，これができたら大発見です．

ゼータ関数の関数等式 (13.3) において，s が正の奇数（$s > 1$）のとき，$1-s$ は負の偶数になり，負の偶数はゼータ関数の自明な零点ですので，(13.3) は $0 = 0$ となって残念ながらここから正の奇数での値を求めることはできないのです．

ζ Part Ⅷ

リーマン予想

第15章 ゼータ関数の零点とリーマン予想

15.1 関数等式の意味

リーマンによって証明された関数等式（対称型）は，クシー関数を使って表すと

$$\xi(1-s)=\xi(s)$$

という形をしています．s と $1-s$ の中点は $s=\frac{1}{2}$ ですので，この式は Figure 15.1 のように複素平面上で $s=\frac{1}{2}$ を中心とした対称な点における値が完全に一致していることを意味しています．

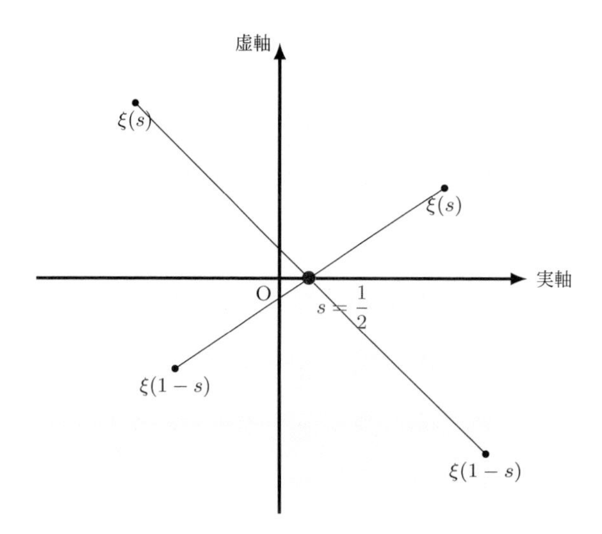

Figure 15.1：$\xi(1-s)=\xi(s)$ の意味

つまりこの対応関係によって，$\zeta(s)$ が分かれば $\zeta(1-s)$ も分かり，逆に $\zeta(1-s)$ が分かれば $\zeta(s)$ も分かります．この関数等式を使ってゼータ関数の値がどこまで分かるかはじめに確認しておきます．

15.2 ゼータ関数の零点

●定理 15.2.1　ゼータ関数の零点

ゼータ関数 $\zeta(s)$ は負の偶数 $s = -2, -4, -6, \ldots$ において 1 位の零点をもつ．左半平面（$\mathrm{Re}\, s < 0$）におけるゼータ関数 $\zeta(s)$ の零点はこの零点のみであり，これを**自明な零点**と言う．

$\xi(s) = \pi^{-\frac{s}{2}}\Gamma\left(\frac{s}{2}\right)\zeta(s)$ の関数等式 $\xi(s) = \xi(1-s)$ を用いて，ゼータ関数の零点を探します．必要に応じ Figure 15.2 を参照してください．

$\pi^{-\frac{s}{2}}$，$\Gamma\left(\frac{s}{2}\right)$，$\zeta(s)$ はそれぞれ，絶対収束域（$\mathrm{Re}\, s > 1$）では零点もポールももたないため（ゼータ関数については定理 5.6.2，ガンマ関数については定理 9.1.1），$\xi(s)$ は絶対収束域に零点やポールをもたない．したがって，関数等式より，$\xi(s)$ は左半平面（$\mathrm{Re}\, s < 0$）に零点もポールももたない．

他方で，左半平面（$\mathrm{Re}\, s < 0$）において，$\Gamma(s)$ は負の整数 $s = -1, -2, -3, \ldots$ で 1 位のポールをもつため（定理 9.1.1），$\Gamma\left(\frac{s}{2}\right)$ は負の偶数 $s = -2, -4, -6, \ldots$ で 1 位のポールをもつ．$\pi^{-\frac{s}{2}}$ は全複素平面で零点もポールももたないことを考えると，$\zeta(s)$ は負の偶数 $s = -2, -4, -6, \ldots$ で 1 位の零点をもつことが分かる．

また，$\Gamma\left(\frac{s}{2}\right)$ は，これ以外には左半平面で零点もポールももたないため，ゼータ関数の左半平面における零点は，これらのみであることが分かった．

■非自明な零点

定理 15.2.1 より自明な零点以外の零点が存在する可能性があるのは $0 \leq \mathrm{Re}\, s \leq 1$ であることが分かりました．複素平面上で，絶対収束域と左半平面に挟まれた $0 \leq \mathrm{Re}\, s \leq 1$ を**クリティカル領域**と言います．

●定義 15.2.2

ゼータ関数 $\zeta(s)$ の自明な零点以外の零点は，$0 \leq \mathrm{Re}\, s \leq 1$[*1]に存在し，これを**非自明な零点**と言う．

つまり，ゼータ関数の零点は**自明な零点**と**非自明な零点**とに分類され，自明な零点は負の偶数 $s = -2, -4, -6, \ldots$ にあり，非自明な零点はクリティカル領域にあることになります．自明な零点がどこにあるかについては完全に分かっているため，問題となるのは，**非自明零点がどこにあるか**です．

＊1　定理 18.4.1 により $0 < \mathrm{Re}\, s < 1$ とすることができます．

15.3 リーマン予想

■リーマン予想

リーマンはクリティカル領域上の零点を手計算で算出しました*2．その結果，最初の零点（実軸に一番近い零点）は $\frac{1}{2}+14.1i$ となり，それ以外の零点も実部が $\frac{1}{2}$ であることに気が付きました．リーマンは 1859 年に，非自明な零点の実部が $\frac{1}{2}$ であることについて自身の論文「与えられた数より小さい素数の個数について」の中で「たいへんもっともらしい．厳密な証明を与えることが望ましいのはもちろんである．私は証明を試みたが無駄に終わったので，証明の探求はしばらく脇に追いやっておく．なぜならこの研究報告の次の目的にとっては必要ないからである」([24] 316 頁）と記しています．これが，後にリーマン予想と呼ばれる予想が，はじめてこの世に公表された瞬間です．

複素平面上で $s=\frac{1}{2}$ の直線のことを**クリティカルライン**と言います．

> (リーマン予想)
> ゼータ関数の非自明な零点は，クリティカルライン（$\mathrm{Re}\, s=\frac{1}{2}$）上に存在する．

非自明な零点を数値計算で求めると次のようになります*3．現在では，1 兆個を超える非自明零点の計算がなされていますが，すべて，実部は $\frac{1}{2}$ です．

$$
\begin{array}{llll}
\frac{1}{2}\pm 14.13473i & \frac{1}{2}\pm 21.02204i & \frac{1}{2}\pm 25.01086i & \frac{1}{2}\pm 30.42488i \\
\frac{1}{2}\pm 32.93506i & \frac{1}{2}\pm 37.58618i & \frac{1}{2}\pm 40.91872i & \frac{1}{2}\pm 43.32707i \\
\frac{1}{2}\pm 48.00515i & \frac{1}{2}\pm 49.77383i & \frac{1}{2}\pm 52.97032i & \frac{1}{2}\pm 56.44624i
\end{array}
$$

■リーマン予想の重要性

リーマン予想は 150 年以上にわたり解かれていない難攻不落の難問です．しかし，数学には他にも数百年にわたって解かれていない問題はたくさんあります．なぜ，リーマン予想は特別に注目されているのでしょうか．

それは，リーマンの論文「与えられた数より小さい素数の個数について」の表題が示しているとおり「素数の分布」と関係しているからです．言い換えると，ゼータ関数の零点と素数とが関係しているからなのです！ 詳しくは Part VIII で見ますが，ゼータ関数の零点の位置が分かれば，素数の分布も分かるのです．

---

*2　リーマンが計算したのは最初の三つの非自明零点だと言われています．

*3　関数等式より $\frac{1}{2}+i\rho$ が零点であるとき $\frac{1}{2}-i\rho$ も零点であることが分かるため，虚部が正のものだけ考えれば十分です．

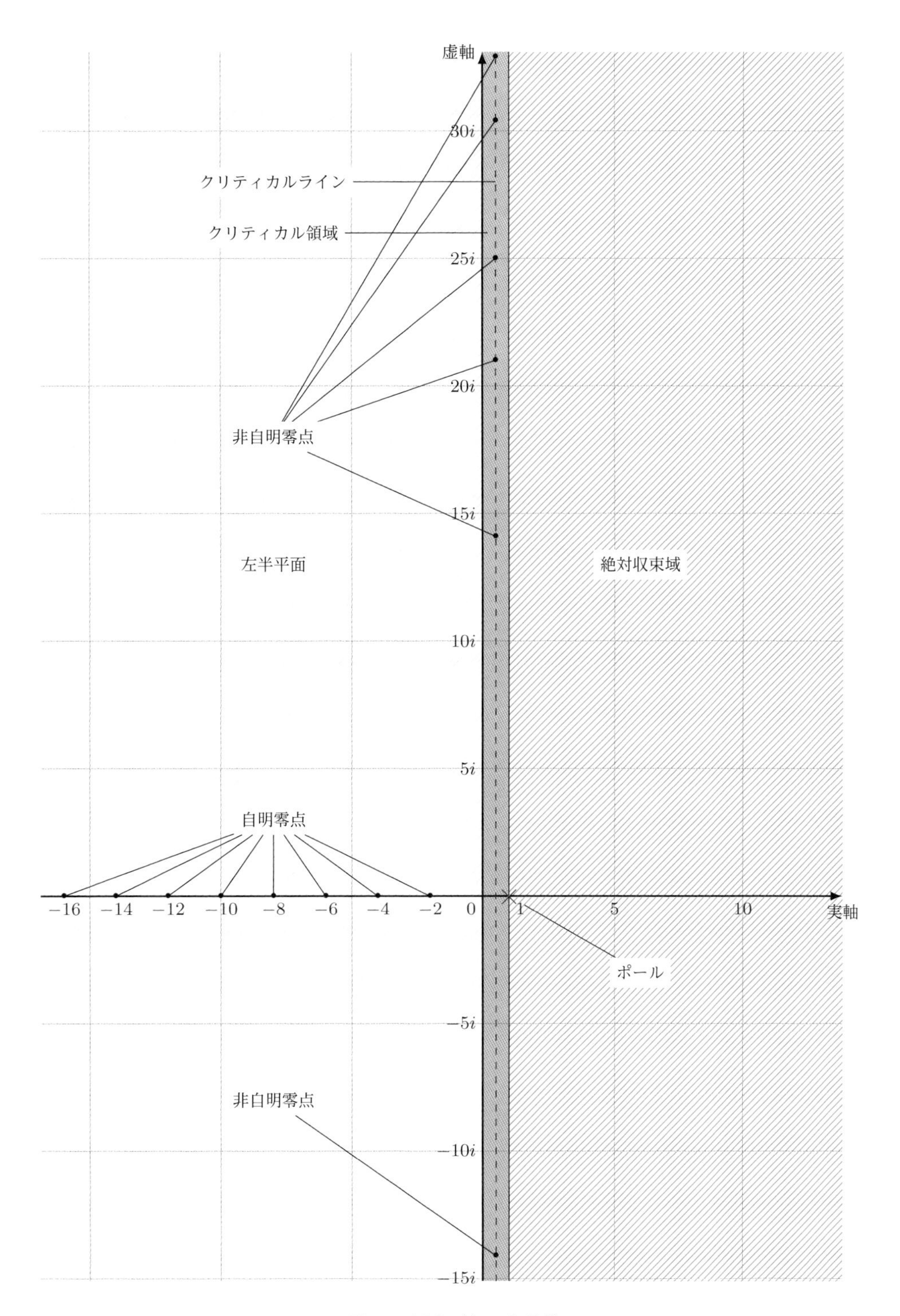

Figure 15.2：リーマン予想

非自明零点とは，ゼータ関数の零点のうち，自明な零点以外のものを言う．自明な零点以外の零点は必ずクリティカル領域に含まれていることが証明されているため，非自明零点とはクリティカル領域上の零点と言い換えることができる．リーマン予想とは，この非自明零点が必ずクリティカルライン上にあると予想するものである．コンピュータを使うことにより，1 兆個以上の非自明零点が知られているが，現時点までに知られている零点はすべてリーマン予想を満たしている．

15.4 非自明零点の分布

ゼータ関数の非自明零点は，リーマン予想が正しいとすれば $\frac{1}{2}+ti$ という形をしているはずです．では，具体的にはどのような場所に非自明零点はあるのでしょうか．

「はじめに」では，素数の分布をバーコード上に図示しました（Figure 1）．Figure 15.3 は，同じように非自明零点の虚部の分布をバーコードにしたものです．虚部が 0 以上 100 以下の非自明零点は 29 個あるため，Figure 15.3(a) には 29 個の線が引いてあります．ここで，$T>0$ に対し $N(T)$ を虚部が 0 から T までにある非自明零点の個数とします．つまり，

$$N(T)=\#\{\ \rho\ \mid \zeta(\rho)=0,\ 0<\operatorname{Im}\rho\leq T\ \}$$

とします*4．Figure 15.3 から分かるとおり，虚部が大きくなればなるほど，たくさんの非自明零点が存在します．例えば，虚部が 1001 から 1100 までの非自明零点の個数は $N(1100)-N(1001)=81$ 個あり，同様に $N(1000100)-N(1000001)=188$, $N(1000000100)-N(1000000001)=299$ と，虚部が大きくなるにしたがって，非自明零点の数は増えていきます．これは，素数とは全く逆の性質です．虚部が T 付近における非自明零点の密度（一定の区間に存在する非自明零点の個数）は $\log T$ のオーダーで増加することが知られています．これは，素数の個数が $\frac{1}{\log x}$ に比例することと比べると，たいへん興味深い性質です．

■非自明零点の分布

非自明零点の分布に関しては次のことが知られています．これは，リーマン予想の成否にかかわらず成立しています（[8]）．

●定理 15.4.1

$T\to\infty$ のとき次が成り立つ．

$$N(T+1)-N(T)=O(\log T)\quad (T\to\infty)$$

$$N(T)=\frac{T}{2\pi}\log\frac{T}{2\pi}-\frac{T}{2\pi}+O(\log T)\quad (T\to\infty)$$

ここで O はランダウの記号であり，$f(x)=O(g(x))$ とは，$x\to\infty$ のとき $\left|\frac{f(x)}{g(x)}\right|$ が有界であることを意味しています．

*4　関数等式より，$\rho=\sigma+i\tau$ が零点のとき $1-\sigma-i\tau$ も零点となるため，虚部が $-T$ から T までにある零点は $2N(T)$ 個存在することになります．

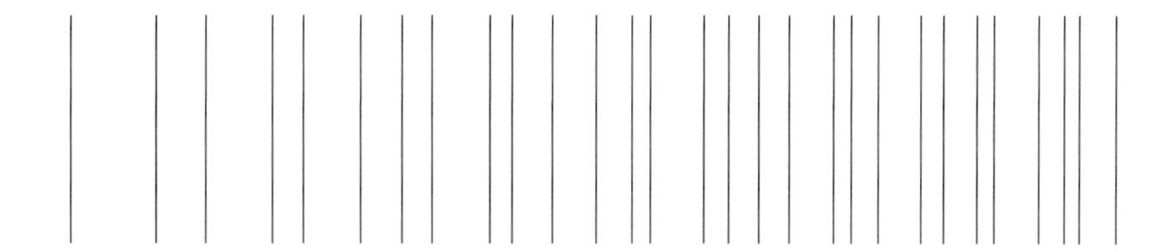

(a) 1～100

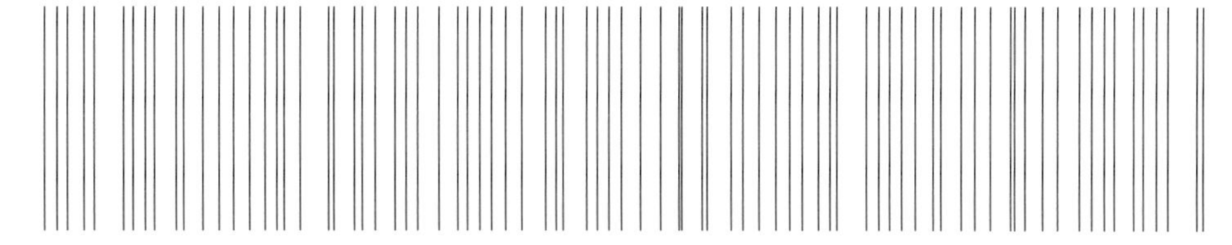

(b) 1,001～1,100

(c) 1,000,001～1,000,100

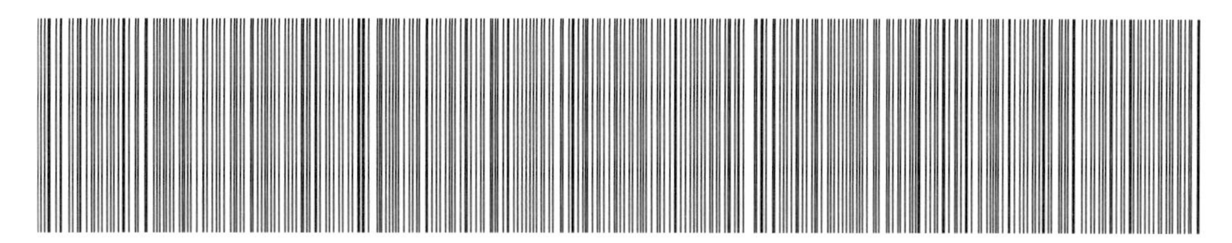

(d) 1,000,000,001～1,000,000,100

Figure 15.3：非自明零点バーコード

非自明零点の虚部に対応する部分に黒線を引いたもの．例えば (a) は 1 から 100 までの非自明零点の虚部を表しており，一番左の線は 14.13 ($\frac{1}{2}+14.13i$ は非自明零点である）を，2 番目の線は 21.02（$\frac{1}{2}+21.02i$ は非自明零点である）を，一番右の線は 98.83（$\frac{1}{2}+98.83i$ は非自明零点である）を表している．虚部が 100 以下の非自明零点は 29 個あるため，(a) には 29 本の線が引いてある．同様に，(b) は 1001 から 1100 までの，(c) は 1,000,001 から 1,000,100 までの，(d) は 1,000,000,001 から 1,000,000,100 までの非自明零点の分布を表したものである．素数の分布とは対照的に，虚部が大きくなればなるほど，非自明零点の密度も高くなることが証明されている．

第16章 リーマン予想と同値な命題

16.1 素数定理との関係

リーマン予想がもし解けたら 100 万ドルの賞金がクレイ数学研究所からもらえます（本章末のコラム参照）．しかし，数学的にはそれだけではありません．リーマン予想と同値な命題や，リーマン予想が解けたら解決する未解決問題は多数ありますので，もしリーマン予想が解けたら，それらの問題は自動的に解決することになります．

素数定理との関係はとりわけ重要です．素数定理は，

$$\pi(x) \sim \mathrm{Li}(x) = \int_2^x \frac{1}{\log t} dt$$

というものでした（定理 2.4.1）．これは，$\pi(x)$ と $\mathrm{Li}(x)$ が概ね同じくらいの速さで無限大になることを意味していますが，近似の評価としては大雑把なものです．リーマン予想は，この近似の精度を上げることにかかわっています．

(素数定理と同値な命題―素数定理の誤差項―)
ある定数 C が存在して，十分大きい x に対し次の式が成り立つことと，リーマン予想が成り立つことは同値である．

$$|\pi(x) - \mathrm{Li}(x)| \leq C\sqrt{x}\log x$$

つまり，$\pi(x)$ が $\mathrm{Li}(x)$ で近似できることのみならず，その誤差 $\pi(x) - \mathrm{Li}(x)$ が $C\sqrt{x}\log x$ で押さえられることを意味しています．これは，素数定理と比べると格段の進歩です．

このようにリーマン予想は，素数計数関数 $\pi(x)$ のより正確な評価に役立ちます．しかし，あくまでもこれは近似の評価に過ぎません．リーマン予想が解けたとしても，素数の分布が完全に分かったり，ましてや，素数を利用した暗号がすべて解けたりするようなことはありません．

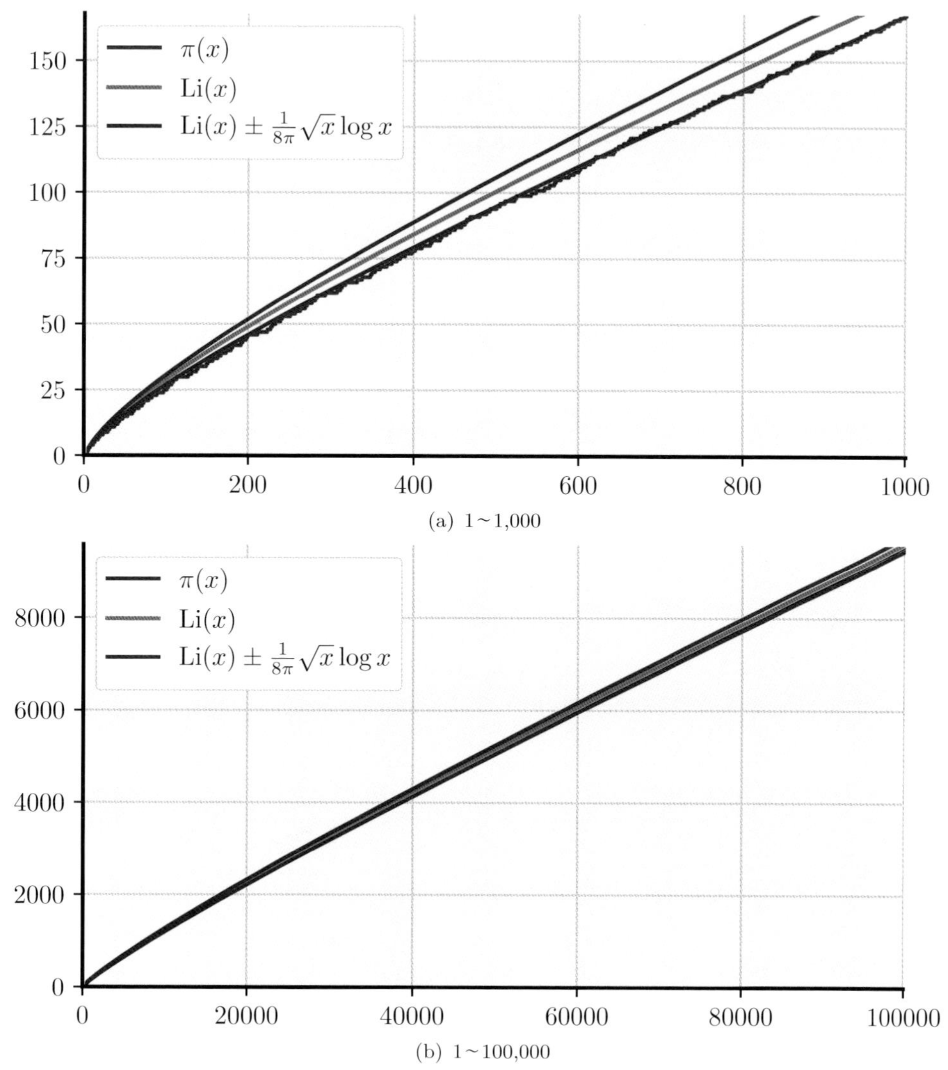

Figure 16.1：$\pi(x)$ と $\mathrm{Li}(x) \pm \frac{1}{8\pi}\sqrt{x}\log x$ のグラフ

$\pi(x)$ を赤，$\mathrm{Li}(x)$ を緑，$\mathrm{Li}(x) \pm \frac{1}{8\pi}\sqrt{x}\log x$ を青とした．リーマン予想が正しい場合，C を適切にとることにより，$\pi(x)$ は $\mathrm{Li}(x) \pm C\sqrt{x}\log x$ の間におさまることが証明されている．その意味で，リーマン予想とは素数定理の誤差項を $C\sqrt{x}\log x$ で評価するものである．

定数 C は $x \geq 2657$ とする場合には $\frac{1}{8\pi}$ ととれることが知られているため，このグラフでは $C = \frac{1}{8\pi}$ としている．(a) のグラフでは $x \geq 2657$ という条件を満たしていないため，$\pi(x)$（赤）が $\mathrm{Li}(x) - \frac{1}{8\pi}\sqrt{x}\log x$（青）の下限を超えている部分がある．

16.2　メビウス関数とメルテンス関数

リーマン予想と同値な命題はたくさんありますが，その中にはリーマン予想とは一見関連していないように思われるものもあります．本書では，このような中からメルテンス予想とファレイ数列をご紹介します．ただし，次章以降の内容とは関係がありませんので，先を急ぐ方は飛ばして構いません．

■メビウス関数

自然数 n に対して**メビウス関数 $\mu(n)$** を次のように定義します．

$$\mu(n) = \begin{cases} (-1)^k & (n \text{ が異なる } k \text{ 個の素因数の積のとき}) \\ 0 & (n \text{ が平方因子をもつとき}) \end{cases}$$

つまり，n を素因数分解したときに 2 乗（以上）の因数がある場合には 0，そうでない場合には現れた素数が偶数個のときは 1，奇数個のときは -1 とします．なお $n = 1$ のときは $\mu(1) = 1$ とします．

例えば，

$$\begin{array}{lllll} \mu(1) = 1 & \mu(2) = -1 & \mu(3) = -1 & \mu(4) = 0 & \mu(5) = -1 \\ \mu(6) = 1 & \mu(7) = -1 & \mu(8) = 0 & \mu(9) = 0 & \mu(10) = 1 \end{array}$$

となります．さらに，このメビウス関数を 1 から k まで足した値を $M(k)$ とおき，この $M(k)$ を**メルテンス関数**と言います．つまり，

$$M(k) = \sum_{i=1}^{k} \mu(i)$$

です．

例えば，

$$\begin{aligned} M(2) &= \mu(1) + \mu(2) = 1 - 1 = 0 \\ M(3) &= \mu(1) + \mu(2) + \mu(3) = 1 - 1 - 1 = -1 \\ M(4) &= \mu(1) + \mu(2) + \mu(3) + \mu(4) = 1 - 1 - 1 + 0 = -1 \\ M(5) &= 1 - 1 - 1 + 0 - 1 = -2 \\ M(6) &= 1 - 1 - 1 + 0 - 1 + 1 = -1 \\ M(7) &= 1 - 1 - 1 + 0 - 1 + 1 - 1 = -2 \\ M(100) &= \cdots \quad = 1 \end{aligned}$$

となります．この例や Figure 16.2 から分かるとおり，メルテンス関数はなかなか増加しない関数です．

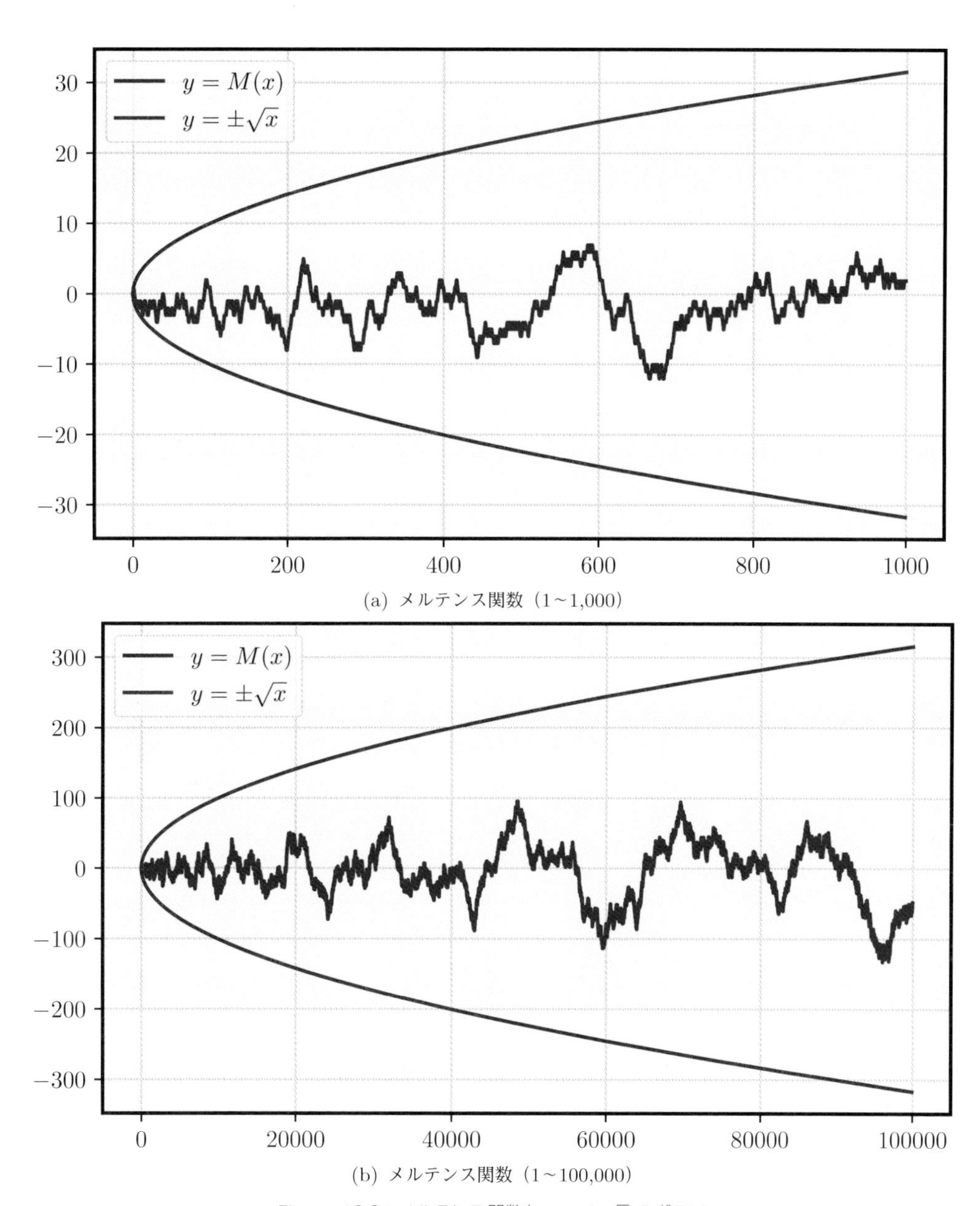

(a) メルテンス関数（1～1,000）

(b) メルテンス関数（1～100,000）

Figure 16.2：メルテンス関数と $y = \pm\sqrt{x}$ のグラフ

メルテンス関数はメビウス関数の和であるが，メビウス関数は 0，±1 の値をとる関数であることから，大きく増加することも減少することもなく 0 付近をさまよっていることが見て取れる．スティルチェスが，$y=\pm\sqrt{x}$ で押さえられると予想したのも無理からぬところであった．メルテンスの予想を少し緩めることにより（改良メルテンス予想），リーマン予想と同値であることが証明されている．

16.3 メルテンス予想とリーマン予想

メルテンス関数の定義より $|M(k)| < k$ であることは明らかですが，オランダの数学者スチルチェス（Thomas Joannes Stieltjes）は，19 世紀に $|M(k)| \leq \sqrt{k}$ であると予想しました．これを**メルテンス予想**と言います．しかし，メルテンス予想は，1985 年にオドリツコ（Andrew Odlyzko）とテ・リール（Herman te Riele）によって誤っていることが証明されました．つまり，$|M(k)| > \sqrt{k}$ となる k が存在することが証明されたのです．最初に見つかった反例は $10^{1.39\times10^{64}}$ という超巨大な数でした．（10 進数で表したときの桁数が 1.39×10^{64} ということであり，これは 64 桁とは全く異なります！）

しかし，メルテンス予想は，条件を少し弱くするだけで成り立つと考えられています．具体的には次のとおりです．

（改良メルテンス予想）
任意の $\varepsilon > 0$ に対し $C > 0$ が存在し，k を十分大きくとると

$$|M(k)| < Ck^{\frac{1}{2}+\varepsilon}$$

とできる．

そして，この改良メルテンス予想は，リーマン予想と同値であることが知られています．

改良メルテンス予想 $\Longleftrightarrow$ リーマン予想

メルテンス関数 $M(k)$ を構成しているメビウス関数は，素因数の数に依存する関数であり，ゼータ関数の零点とは全く関連がないように思われます．しかし，メビウス関数とゼータ関数との間には密接な関係があるのです．

Column ＞メビウス関数とゼータ関数の関係

ゼータ関数とメビウス関数との間には一見何の関係もなさそうに思えます．しかし，実は，深い関係があります．

ゼータ関数のオイラー積表示

$$\zeta(s) = \prod_{p:\text{素数}} \frac{1}{1-\frac{1}{p^s}}$$

の逆数を考えます．

$$\begin{aligned}\frac{1}{\zeta(s)} &= \prod_{p:\text{素数}} \left(1-\frac{1}{p^s}\right)\\ &= \left(1-\frac{1}{2^s}\right)\left(1-\frac{1}{3^s}\right)\left(1-\frac{1}{5^s}\right)\left(1-\frac{1}{7^s}\right)\cdots\\ &= 1-\frac{1}{2^s}-\frac{1}{3^s}-\frac{1}{5^s}+\frac{1}{6^s}-\frac{1}{7^s}+\frac{1}{10^s}+\frac{1}{14^s}+\frac{1}{15^s}\cdots-\frac{1}{30^s}+\cdots\end{aligned}$$

が成り立ちます．この右辺は $\pm\frac{1}{n^s}$ となっていますが，この $\pm$ はどこかで見ませんでしたか？素数のときは $-$，異なる二つの素数の積のときは $+$ になっています．さらに，$\frac{1}{4^s}$ などの素数の 2 乗の因数をもつ項がありません．そう，メビウス関数です．つまり，メビウス関数 $\mu(n)$ を用いて

$$\frac{1}{\zeta(s)} = \sum_{n=1} \frac{\mu(n)}{n^s}$$

と表すことができます．（メビウス関数の定義を考えれば比較的容易に示すことができます．）

メビウス関数の定義を見ているだけでは，ゼータ関数との間に関係があるようには思えませんが，オイラー積表示があるため，メビウス関数とゼータ関数との関係を導くことができるのです．そして，この関係を用いて，リーマン予想と改良メルテンス予想とが同値であることを示せるのです．

アウグスト・フェルディナント
メビウス
（ドイツ
1790年～1868年）

16.4 ファレイ数列

もう一つリーマン予想と同値な命題の中から，リーマン予想とはおおよそ関係がなさそうなものをご紹介します．最初にファレイ数列を定義します．

■ファレイ数列とは

自然数 n に対し分母が n 以下の有理数で 0 から 1 までのものを小さい順に並べてみます．$n=1$ のときは分母が 1 で 0 から 1 までの有理数は 0 と 1 しかありません．
$n=2$ のときは分母が 2 以下の有理数は 0，1，$\frac{1}{2}$ の三つですので，これを小さい順に並べると，

$$\frac{0}{1} \quad \frac{1}{2} \quad \frac{1}{1}$$

です．
$n=3$ のときは分母が 3 以下の有理数は 0，1，$\frac{1}{2}$，$\frac{1}{3}$，$\frac{2}{3}$ の五つありますので，これを小さい順に並べると

$$\frac{0}{1} \quad \frac{1}{3} \quad \frac{1}{2} \quad \frac{2}{3} \quad \frac{1}{1}$$

となります．
同様に $n=4$ のときは

$$\frac{0}{1} \quad \frac{1}{4} \quad \frac{1}{3} \quad \frac{1}{2} \quad \frac{2}{3} \quad \frac{3}{4} \quad \frac{1}{1}$$

$n=5$ のときは

$$\frac{0}{1} \quad \frac{1}{5} \quad \frac{1}{4} \quad \frac{1}{3} \quad \frac{2}{5} \quad \frac{1}{2} \quad \frac{3}{5} \quad \frac{2}{3} \quad \frac{3}{4} \quad \frac{4}{5} \quad \frac{1}{1}$$

このように，n を定めると決まる数列を n 次の**ファレイ数列**と言います．ファレイ数列は，次のコラムのように非常に美しく面白い性質をもっています．

■ファレイ数列の長さ

n 次のファレイ数列の個数を $l(n)$ とします．上の例や Figure 16.3 から，

$$l(2)=3 \qquad l(3)=5 \qquad l(4)=7 \qquad l(5)=11$$

です．

Column > ファレイ数列の性質

ファレイ数列は多くの美しい性質をもっています．ここでは，$n=5$ の場合の例をあげて説明します．$n=5$ 以外でも成り立っていますので，確認してみてください．$n=5$ のファレイ数列は次のとおりです．

$$\frac{0}{1}\ \frac{1}{5}\ \frac{1}{4}\ \frac{1}{3}\ \frac{2}{5}\ \frac{1}{2}\ \frac{3}{5}\ \frac{2}{3}\ \frac{3}{4}\ \frac{4}{5}\ \frac{1}{1}$$

■隣り合う項のたすき掛け

ファレイ数列の隣り合う項を $\frac{q_1}{p_1}\ \frac{q_2}{p_2}$ とします．例えば，$n=5$ のときは，$\frac{0}{1}\ \frac{1}{5}$ や $\frac{1}{5}\ \frac{1}{4}$，$\frac{1}{4}\ \frac{1}{3}$，$\frac{1}{3}\ \frac{2}{5}$ などは隣り合っています．この隣り合う数の分母分子をたすき掛けにして差をとります．つまり，$q_2p_1-q_1p_2$ を考えます．

上の例で考えると

$$1\cdot 1-0\cdot 5=1$$
$$1\cdot 5-1\cdot 4=1$$
$$1\cdot 4-1\cdot 3=1$$
$$2\cdot 3-1\cdot 5=1$$

と常に 1 になっています．このようにファレイ数列の隣り合う項の分母分子をたすき掛けにして差をとると 1 になります．

■ファレイ和

分数 $\frac{q_1}{p_1}$，$\frac{q_2}{p_2}$ に対して，$\frac{q_1}{p_1}\oplus\frac{q_2}{p_2}$ を

$$\frac{q_1}{p_1}\oplus\frac{q_2}{p_2}=\frac{q_1+q_2}{p_1+p_2}$$

で定義し，これを**ファレイ和**と言います．つまり，ファレイ和とは分母どうし，分子どうしをそのまま足して分母，分子とするものです．

ファレイ数列から，一つ飛ばしで二つの項を選びます．例えば，$n=5$ の例では，$\frac{0}{1}\ \frac{1}{4}$，$\frac{1}{5}\ \frac{1}{3}$，$\frac{1}{4}\ \frac{2}{5}$，$\frac{1}{3}\ \frac{1}{2}$ などがそれにあたります．そして，この 2 項のファレイ和をとると，その間のファレイ数列の項が現れます．上の例では

$$\frac{0}{1}\oplus\frac{1}{4}=\frac{1}{5}$$
$$\frac{1}{5}\oplus\frac{1}{3}=\frac{2}{8}=\frac{1}{4}$$
$$\frac{1}{4}\oplus\frac{2}{5}=\frac{3}{9}=\frac{1}{3}$$
$$\frac{1}{3}\oplus\frac{1}{2}=\frac{2}{5}$$

となり，確かにファレイ数列の間の項が現れていることが分かります．

このように美しい性質をもっているファレイ数列がリーマン予想とも関係しているとは驚きです．

16.5　ファレイ数列とリーマン予想

前節の例や Figure 16.3 から分かるとおり，ファレイ数列は $[0,1]$ に均等に並んでいるわけではありません．そこで，その散らばり具合を測定してみます．前節のとおり，n 次ファレイ数列の個数を $l(n)$ とおき，$1 \leq i \leq l(n)$ に対し，n 次のファレイ数列の i 番目の項を r_i とします．そして，$l(n)$ 等分点の i 番目 $\frac{i}{l(n)}$ との差を

$$\delta_i = r_i - \frac{i}{l(n)}$$

とおきます．$n = 5$ の場合は $l(5) = 11$ のため，次のとおりです．

$$\begin{aligned}
\delta_1 &= \frac{0}{1} - \frac{1}{11} = -\frac{1}{11} \\
\delta_2 &= \frac{1}{5} - \frac{2}{11} = \frac{1}{55} \\
\delta_3 &= \frac{1}{4} - \frac{3}{11} = -\frac{1}{44} \\
\delta_4 &= \frac{1}{3} - \frac{4}{11} = -\frac{1}{33} \\
&\vdots \\
\delta_{11} &= \frac{1}{1} - \frac{11}{11} = 0
\end{aligned}$$

δ_i はファレイ数列の i 番目の項と，1 を $l(n)$ 等分した場合の i 番目の差であるため，この絶対値を足したものは，ファレイ数列の散らばり具合を表していると考えることができます．（仮に，均等に並んでいたら 0 になります．）$n = 5$ の場合にこれを計算すると，$\frac{59}{110}$ になります．

そして，このファレイ数列の散らばり具合とリーマン予想が関係していることがフラネル（Jérôme Franel）とランダウ（Edmund Georg Hermann Landau）によって証明されました．

● 定理 16.5.1　フラネル・ランダウの定理

任意の $\varepsilon > 0$ に対し $C > 0$ が存在し，n を十分大きくとると

$$\sum_{i=1}^{l(n)} |\delta_i| < Cn^{\frac{1}{2}+\varepsilon}$$

とできることと，リーマン予想が成り立つこととは同値である．

このように，リーマン予想と同値な命題の中には，おおよそリーマン予想とは関係がないように思える命題が多数あります．これは，リーマン予想が重要であることの根拠の一つであり，また，リーマン予想の奥深さ，深遠さを示しているとも言えます．

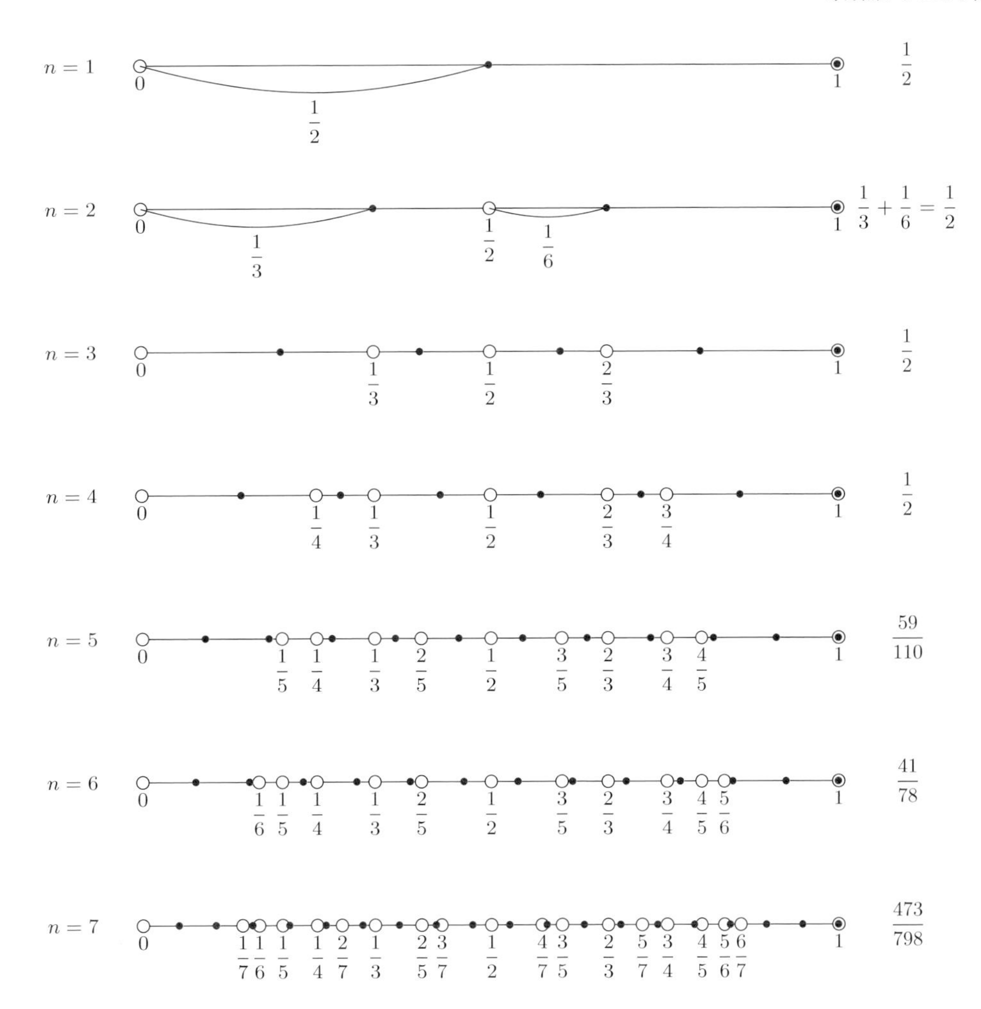

Figure 16.3：ファレイ数列（白丸）と等分点（赤点）

分母が n 以下の有理数で 0 から 1 までのものを小さい順に並べたものをファレイ数列という．白丸の下に書かれた有理数がファレイ数列である．赤点は，線分 $(0,1]$ をファレイ数列の長さで等分した点である．右に記載した値は，ファレイ数列と等分点との差（の絶対値）を足したものである．この値は n を増加させると増加するが，驚くべきことに，その増加が $\sqrt{n}$ で上から押さえられることとリーマン予想とが同値であることが証明されている．

Column ＞めざせ 100 万ドル

2000 年 5 月 24 日，アメリカのクレイ数学研究所は，ミレニアム問題（The Millennium Prize Problems）として七つの問題を発表しました．七つの問題は，いずれも数学上の有名な予想であり，証明を行うか，反例を示せば 100 万ドルの賞金がもらえます．

七つの問題は以下のとおりです．

(i) リーマン予想
(ii) バーチ・スウィンナートン＝ダイアー予想
(iii) ポアンカレ予想
(iv) ナビエ-ストークス方程式の解の存在と滑らかさ
(v) ホッジ予想
(vi) P≠NP 予想
(vii) ヤン-ミルズ方程式と質量ギャップ問題

このうち，(iii) ポアンカレ予想は，2003 年，ペレルマン（Grigori Yakovlevich Perelman）によって証明がなされました．このときペレルマンは 37 歳でしたが，数々の業績によりすでに高名な数学者でした．2006 年には「数学界のノーベル賞」と言われるフィールズ賞を受賞しましたが，ペレルマンはこの受賞を辞退しました．また，2010 年にはクレイ数学研究所からポアンカレ予想の解決者と正式に認定され，賞金 100 万ドルの受賞が決定しましたが，やはりこの受賞も辞退しています．

本書のテーマである，リーマン予想もミレニアム問題の対象とされています．高名な数学者による場合を含めて，リーマン予想が解かれたというニュースは時々，数学界を駆け巡りますが，2020 年 1 月時点で正式に解決がなされたという認定は行われておらず，解決したとのニュースの多くは誤報です．

ζ Part VIII

素数で輝く

第17章 素数階段を表す

17.1　ゼータ関数と素数との関係

Part VIII では，ゼータ関数の「零点やポール」と「素数の分布」との間に密接な関係があることを見ていきましょう．

「ゼータ関数」と「素数の分布」との関係を生み出しているのはゼータ関数のオイラー積表示です．ゼータ関数のオイラー積表示を再掲します．

（ゼータ関数のオイラー積表示）

$$\zeta(s) = \prod_{p:\text{素数}} \frac{1}{1 - \frac{1}{p^s}}$$

ゼータ関数はオイラー積を有しているからこそ，素数と関係があるのです．逆に言えば，もしゼータ関数がオイラー積表示をもっていなければ，素数との関係もなかったことになります．本章ではゼータ関数のオイラー積表示を使い，ゼータ関数の対数微分をとることにより，ある種の階段関数とある種のディリクレ級数とを対応させ，その間の関係式を導きます．

ここで「ある種の階段関数」とは，素数（とそのべき乗）でステップアップする関数です．これにより，素数の場所が分かることになります．

17.2　マンゴルト関数とチェビシェフ関数

■オイラー積の対数をとる

オイラー積表示の対数をとることにより，積を和に変換します．

$$\begin{aligned}\log\zeta(s) &= \log\left(\prod_{p:\text{素数}}(1-p^{-s})^{-1}\right)\\ &= -\sum_{p:\text{素数}}\log(1-p^{-s})\\ &= \sum_{p:\text{素数}}\sum_{n=1}^{\infty}\frac{p^{-ns}}{n}\end{aligned} \quad \text{テイラー展開 } \log(1-z) = -\sum_{n=1}^{\infty}\frac{z^n}{n} \tag{17.1}$$

この両辺を s で微分すると

$$\begin{aligned}\frac{\zeta'(s)}{\zeta(s)} &= -\sum_{p:\text{素数}}\sum_{n=1}^{\infty}p^{-ns}\log p\\ &= -\sum_{p:\text{素数}}\left(\frac{\log p}{p^s}+\frac{\log p}{p^{2s}}+\frac{\log p}{p^{3s}}\cdots\right)\\ &= -\frac{\log 2}{2^s}-\frac{\log 3}{3^s}-\frac{\log 2}{4^s}-\frac{\log 5}{5^s}-\frac{\log 7}{7^s}-\frac{\log 2}{8^s}-\frac{\log 3}{9^s}\cdots\end{aligned} \tag{17.2}$$

となります．ここで，分母は素数のべき乗 $\frac{1}{p^n}$ ですが，分子は $\log p$（素数のべき乗ではなく素数そのもの）であることに注意しましょう．

■マンゴルト関数

自然数 n に対して $\Lambda(n)$ を

$$\Lambda(n) = \begin{cases}\log p & (n = p^m,\ p:\text{素数})\\ 0 & (\text{上記以外})\end{cases}$$

で定義します．つまり，n が素数のべき乗 p^m（もちろん，素数 p も含まれます．）のときは $\Lambda(n) = \log p$（$\log p^n$ ではないことに注意）とし，それ以外のときは $\Lambda(n) = 0$ とします．$\Lambda(n)$ を $n = 1, 2, 3, \ldots$ の場合に並べると

$$0,\ \log 2,\ \log 3,\ \log 2,\ \log 5,\ 0,\ \log 7,\ \log 2,\ \log 3,\ 0, \ldots$$

となります．この $\Lambda(n)$ を**マンゴルト関数**[*1]と言います．

このマンゴルト関数 $\Lambda(n)$ を用いると (17.2) は次のように表されます[*2]．

$$\frac{\zeta'(s)}{\zeta(s)} = -\sum_{n=1}^{\infty}\frac{\Lambda(n)}{n^s} \tag{17.3}$$

＊1　慣習的にマンゴルト関数と呼ばれていますが，自然数でしか定義されていませんので，実質的には数列です．

＊2　この級数は $\mathrm{Re}\,s > 1$ で絶対収束しています．

このように $\dfrac{\zeta'(s)}{\zeta(s)}$ は，$\displaystyle\sum_{n=1}^{\infty}\frac{a_n}{n^s}$ の形をしています．数列 a_n に対し級数 $\displaystyle\sum_{n=1}^{\infty}\frac{a_n}{n^s}$ のことを**ディリクレ級数**と言います．(17.3) より，$\dfrac{\zeta'(s)}{\zeta(s)}$ は，ディリクレ級数の形になっています．

■**チェビシェフ関数**

x を実数としたとき，**チェビシェフ関数** $\psi(x)$ を

$$\psi(x) = \sum_{n \le x} \Lambda(n)$$

で定義します．マンゴルト関数 $\Lambda(n)$ の定義より

$$\psi(x) = \sum_{n \le x} \Lambda(n) = \sum_{p^m \le x} \log p$$

となります．ここで，和をとる範囲である「$p^m \le x$」とは「x 以下の自然数で素数のべき乗となっているもの」を意味します．つまり，Figure 17.1(a) のとおり，チェビシェフ関数 $\psi(x)$ は，素数のべき乗 p^m で $\log p$ ステップアップする階段関数になります．

また，Figure 17.1(b) のように，階段関数のステップアップする部分（つまり素数のべき乗）では，ステップアップ部分の中点（Figure 17.1(b) の黒丸）をとる関数を $\psi^*(x)$ とします．この ψ^* も**チェビシェフ関数**と言います．

例 17.2.1

$x = 9$ とすると

$$\psi(9) = \log 2 + \log 3 + \log 2 + \log 5 + \log 7 + \log 2 + \log 3$$
$$\psi^*(9) = \log 2 + \log 3 + \log 2 + \log 5 + \log 7 + \log 2 + \frac{1}{2}\log 3$$

9 は素数のべき乗であるため，ψ^* の最後の項は $\frac{1}{2}$ 倍となる．

例 17.2.2

$x = 1000$ とすると

$$\psi(1000) = \log 2 + \log 3 + \log 5 + \log 7 + \cdots\cdots + \log 997$$
$$\psi^*(1000) = \log 2 + \log 3 + \log 5 + \log 7 + \cdots\cdots + \log 997$$

1000 は素数のべき乗ではないため $\psi(x) = \psi^*(x)$ となる．

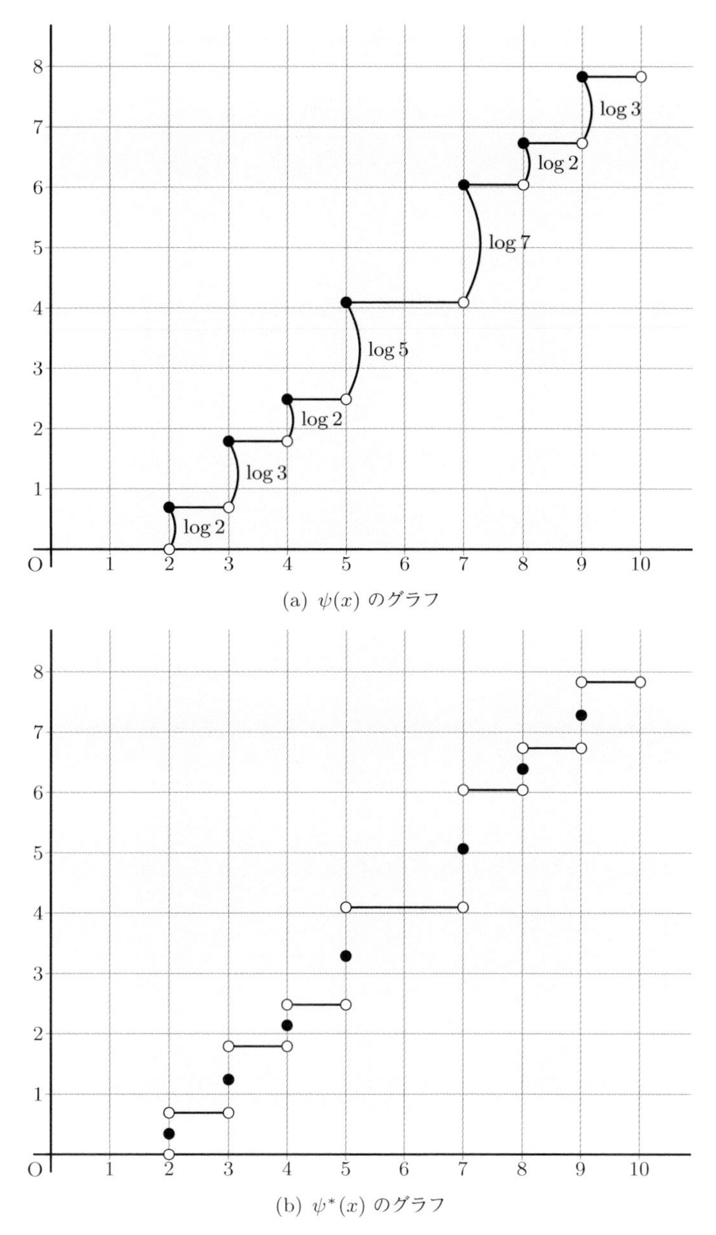

(a) $\psi(x)$ のグラフ

(b) $\psi^*(x)$ のグラフ

Figure 17.1：チェビシェフ関数

(a) チェビシェフ関数 $\psi(x)$ は，素数のべき乗 p^m で $\log p$ ステップアップする階段関数である．(b) $\psi^*(x)$ は $\log p$ ステップアップするのは同じだが，ステップアップ部分で中点を通る関数である．このことは，後に見る明示公式でポイントとなる．

17.3 ディリクレ級数と階段関数の関係―ペロンの公式―

チェビシェフ関数は，マンゴルト関数を階段関数にしたものです．他方で，ゼータ関数の対数微分 $\frac{\zeta(s)}{\zeta'(s)}$ はマンゴルト関数を係数とするディリクレ級数です．一般に数列 a_n に対し，ディリクレ級数を

$$D(s) = \sum_{n=1}^{\infty} \frac{a_n}{n^s}$$

と定義します．また，同じ数列 a_n に対し，階段関数を

$$S(x) = \sum_{n \le x}^{*} a_n$$

と定義します．ここで $\sum^*$ とは，ステップアップする部分でステップアップ部分の中点をとることを意味しています（前節参照）．このディリクレ級数と階段関数との関係を表す関係式が，次のペロンの公式です．ペロンの公式の積分路については，Figure 17.2 を参照してください．

●定理 17.3.1　ペロンの公式

数列 a_n に対するディリクレ級数を $D(s) = \sum_{n=1}^{\infty} \frac{a_n}{n^s}$ とし，階段関数を $S(x) = \sum_{n \le x}^{*} a_n$ とする．$D(s)$ が $\mathrm{Re}\, s > 1$ で絶対収束するとき，$c > 1$ に対して，次が成り立つ．

$$S(x) = \frac{1}{2\pi i} \int_{c-i\infty}^{c+i\infty} D(s) \frac{x^s}{s} ds$$

以下，ペロンの公式の証明の概要を説明します．正確な証明は [8] などを参照してください．

証明　ペロンの公式の証明（スケッチ）

$\int_n^\infty x^{-s-1}dx$ という積分を考えると $\mathrm{Re}\, s > 0$ において

$$s \int_n^\infty x^{-s-1} dx = s \left[-\frac{1}{s} x^{-s} \right]_n^\infty = \frac{1}{n^s}$$

となる．すると，ディリクレ級数は次のように書くことができる．

$$\begin{aligned}
\sum_{n=1}^{\infty} \frac{a_n}{n^s} &= \sum_{n=1}^{\infty} s \int_n^\infty a_n x^{-s-1} dx \\
&= s \left(\int_1^\infty a_1 x^{-s-1} dx + \int_2^\infty a_2 x^{-s-1} dx + \int_3^\infty a_3 x^{-s-1} dx + \cdots \right) \\
&= s \left(\int_1^2 a_1 x^{-s-1} dx + \int_2^3 (a_1 + a_2) x^{-s-1} dx \right. \\
&\qquad \left. + \int_3^4 (a_1 + a_2 + a_3) x^{-s-1} dx + \cdots \right)
\end{aligned}$$

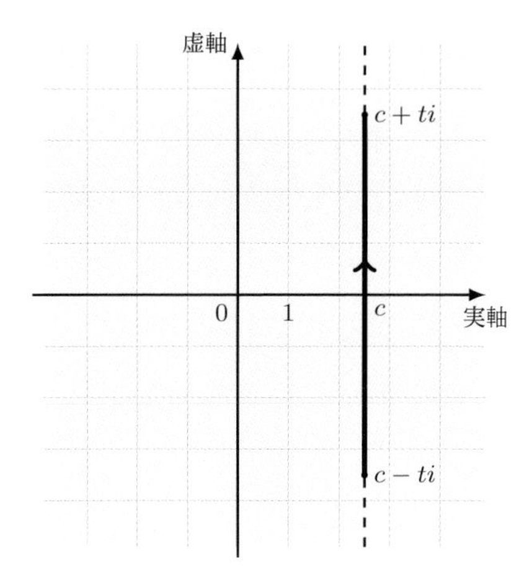

Figure 17.2：ペロンの公式の積分路

ペロンの公式の積分路は $[c-i\infty, c+i\infty]$ であるが，これは上図のとおり，線分 $[c-ti, c+ti]$ での積分を行ったうえで，$t\to\infty$ としたものを意味している．つまり，

$$\int_{c-i\infty}^{c+i\infty} D(s)\frac{x^s}{s}ds = \lim_{t\to\infty}\int_{c-ti}^{c+ti} D(s)\frac{x^s}{s}ds$$

である．このような積分を広義積分と言う．本来，この積分は積分路である c に依存するはずであるが，ペロンの公式の左辺は c に依存していない．つまり，$c>1$ の範囲であれば任意に選択することができる．

$$= s\int_0^\infty S(x)x^{-s-1}dx \tag{17.4}$$

ここで，関数 $f(x)$ に対して，f の**メリン変換** を

$$\mathcal{M}(f)(s) = \int_0^{+\infty} f(x)x^{s-1}dx$$

で定義する．すると，(17.4) は，メリン変換を使い

$$D(s) = \sum_{n=1}^\infty \frac{a_n}{n^s} = s\mathcal{M}(S)(-s) \tag{17.5}$$

と表される．メリン変換は，（フーリエ変換などと同様に，一定の条件を満たす場合，）逆変換 $\mathcal{M}^{-1}$ が存在して関数 $\phi(x)$ に対し

$$\mathcal{M}^{-1}(\phi)(x) = \frac{1}{2\pi i}\int_{c-i\infty}^{c+i\infty} x^{-s}\phi(s)ds$$

となる[*3]（ここで c は，$\mathcal{M}(f)(x)$ が収束する実数）．これを (17.5) に適用すると

$$S(x) = \frac{1}{2\pi i}\int_{c-i\infty}^{c+i\infty} D(s)\frac{x^s}{s}ds$$

＊3　メリン変換と逆メリン変換については解析学のテキストを参照してください．

17.4　ψ^* の積分表示

(17.3) より $-\frac{\zeta'(s)}{\zeta(s)}$ はディリクレ級数の形をしており，その階段関数は $\psi(x)$ でした．ディリクレ級数と階段関数の関係式を表すペロンの公式（定理 17.3.1）を用いると，次の命題が成り立つことが分かります*4．これを ψ^* の積分表示と言います．

● 命題 17.4.1　ψ^* の積分表示

$c > 1$ に対し，次が成り立つ．

$$\psi^*(x) = -\frac{1}{2\pi i}\int_{c-i\infty}^{c+i\infty} \frac{\zeta'(s)}{\zeta(s)}\frac{x^s}{s}ds \tag{17.6}$$

この右辺の積分を，留数定理や偏角の原理を用いて計算します．留数定理や偏角の原理については § 6.7 を確認してください．この積分を具体的に計算すれば，ψ^* をゼータ関数の零点やポールの位数の情報で表すことができます．

ここで，Figure 17.3 の C_1，C_2，C_3，C_4 に対して，$C = C_1 + C_2 + C_3 + C_4$ とし，C 上の積分を考えます．(17.6) の右辺の積分は，前節のとおり C_1 上の積分で極限 $t \to \infty$ をとったものです．また，本書では被積分関数の評価を行っていないため証明は省略しますが，被積分関数をうまく評価することにより $t, R \to \infty$ と極限をとると C_2，C_3，C_4 の積分は 0 になります．したがって，

$$\lim_{t,R\to\infty}\int_C \frac{\zeta'(s)}{\zeta(s)}\frac{x^s}{s} = \lim_{t\to\infty}\int_{C_1} \frac{\zeta'(s)}{\zeta(s)}\frac{x^s}{s} = \int_{c-i\infty}^{c+i\infty} \frac{\zeta'(s)}{\zeta(s)}\frac{x^s}{s}ds$$

となります．そのため，C 上の積分を求められれば (17.6) の右辺も求められることになります．C は閉曲線ですので，C 上の積分は留数定理を用いることができます．

留数定理は，

$$\int_C f(z)dz = 2\pi i \times (C\text{ で囲まれる領域における } f \text{ の留数の和})$$

という形をしていますので，C で囲まれる領域における

$$-\frac{\zeta'(s)}{\zeta(s)}\frac{x^s}{s} \tag{17.7}$$

の留数を計算する必要があります．そのため，$\frac{\zeta'(s)}{\zeta(s)}$ の留数と $\frac{x^s}{s}$ の留数に分けて考えます．

*4　ペロンの公式の階段関数は，ステップアップ部分で中点を通るものですので，$\psi(x)$ ではなく，$\psi^*(x)$ が対応します．

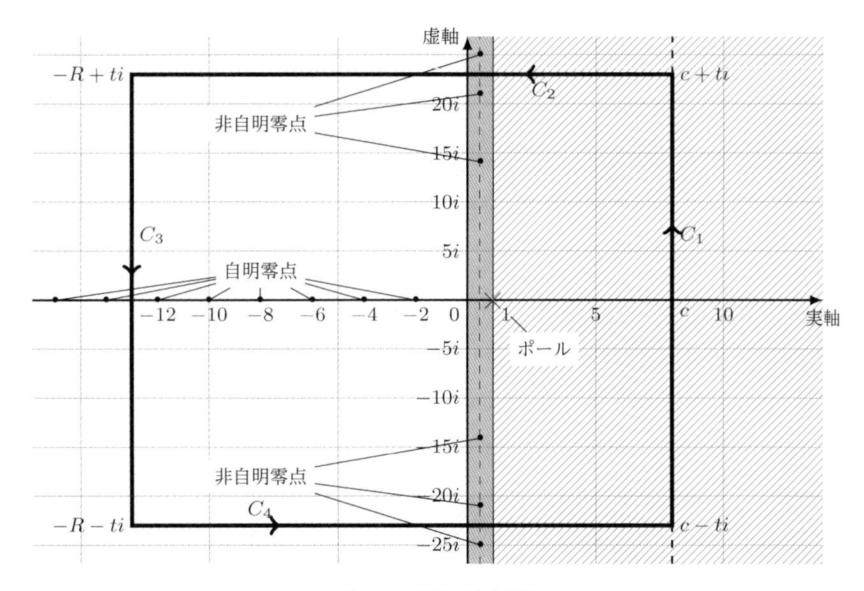

Figure 17.3：積分経路

■ $\dfrac{\zeta'(s)}{\zeta(s)}$ の留数

まず，$\dfrac{\zeta'(s)}{\zeta(s)}$ の留数を考えます．偏角の原理（補題 6.7.2）より，$\dfrac{\zeta'(s)}{\zeta(s)}$ のポールは $\zeta(s)$ の零点またはポールと一致し，$s = \rho$ を $\zeta(s)$ の零点またはポールとすると，$\mathrm{Res}\left(\frac{\zeta'}{\zeta}, \rho\right) = \mathrm{Ord}(\zeta, \rho)$ が成り立ちます．このとき ρ は $\dfrac{\zeta'(s)}{\zeta(s)}$ の 1 位のポールであり（補題 6.7.2），$\rho \neq 0$ であることを考えると

$$\mathrm{Res}\left(-\frac{\zeta'(s)}{\zeta(s)}\frac{x^s}{s}, \rho\right) = -\mathrm{Ord}(\zeta, \rho)\frac{x^\rho}{\rho}$$

が成り立ちます．つまり，(17.7) の留数は，ゼータ関数のポールまたは零点を ρ とおいたときの位数（ポールの場合はマイナス）に $-\frac{x^\rho}{\rho}$ を掛けたものになります．

■ $\dfrac{x^s}{s}$ の留数

$\dfrac{x^s}{s}$ のポールは $s = 0$ のときのみであり，このとき留数は 1 です．したがって，(17.7) の留数は $-\dfrac{\zeta'(0)}{\zeta(0)} = -\dfrac{-\frac{1}{2}\log 2\pi}{-\frac{1}{2}} = -\log 2\pi$ です（命題 12.7.1）．

以上の結果を補題としてまとめておきます．

● 補題 17.4.2

(17.7) の留数は，以下のように分類できる．

(i)　$s = \rho$ が $\zeta(s)$ の零点またはポールのとき $-\mathrm{Ord}(\zeta, \rho)\dfrac{x^\rho}{\rho}$

(ii)　$s = 0$ のとき $-\log 2\pi$

17.5　$\psi^*(x)$ の明示公式

補題 17.4.2 で求めた留数を用いて，ψ^* を求めましょう．C で囲まれる領域における $\zeta(s)$ の零点およびポールは，①ポール（$s=1$），②自明な零点（つまり負の偶数），③非自明な零点と分類できます．また，これ以外に④ $\frac{x^s}{s}$ のポールである $s=0$ もあります．この分類にしたがって (17.7) の留数を計算すると，次の**マンゴルトの明示公式**が導けます．

● 定理 17.5.1　マンゴルトの明示公式

$$\psi^*(x) = x - \frac{\log(1-x^{-2})}{2} - \log 2\pi - \sum_{\rho:\zeta\text{の非自明零点}} \frac{x^\rho}{\rho} \qquad (17.8)$$

①$s=1$ における留数　②自明な零点における留数　④ $s=0$ における留数　③ 非自明な零点における留数

■① $s=1$ における留数

$\zeta(s)$ は $s=1$ で 1 位のポールですので，補題 17.4.2 より $-\frac{\zeta'(s)}{\zeta(s)}\frac{x^s}{s}$ の留数は x です．

■② 自明な零点（負の偶数）における零点

$\zeta(s)$ の自明な零点 $s=-2n$（n は自然数）はすべて 1 位の零点です（定理 15.2.1）ので，補題 17.4.2 より，$-\frac{\zeta'(s)}{\zeta(s)}\frac{x^s}{s}$ の留数は $\frac{x^{-2n}}{2n}$ となります．積分経路 C 内の自明な零点の留数を足すと

$$\sum_{1\le 2n\le R} \frac{x^{-2n}}{2n} = \frac{1}{2}\sum_{1\le 2n\le R} \frac{x^{-2n}}{n}$$

となります．$R\to\infty$ とすると

$$\lim_{R\to\infty} \frac{1}{2}\sum_{1\le 2n\le R} \frac{x^{-2n}}{n} = -\frac{\log(1-x^{-2})}{2}$$

です．ここで，テイラー展開 $\log(1-x) = -x - \frac{1}{2}x^2 - \frac{1}{3}x^3 - \cdots$ を用いました．

■③ 非自明な零点における留数

$\zeta(s)$ の非自明な零点 $s=\rho$ における位数を m_ρ*5とおくと，補題 17.4.2 より $-\dfrac{\zeta'(s)}{\zeta(s)}\dfrac{x^s}{s}$ の留数は $-m_\rho\dfrac{x^\rho}{\rho}$ です．そこで積分経路 C 内の非自明な零点の留数を足すと

$$-\sum_{\substack{\rho:\zeta\text{の非自明零点}\\ \rho<T}} m_\rho \frac{x^\rho}{\rho}$$

となりますが，ここで $\displaystyle\sum_{\rho:\zeta\text{の非自明零点}}$ を ρ の位数分を足すと約束し（つまり，位数が 2 であれば 2 回足す），$T\to\infty$ とすると

$$-\sum_{\rho:\zeta\text{の非自明零点}} \frac{x^\rho}{\rho}$$

となります．

■④ $s=0$ における留数

補題 17.4.2 より $s=0$ における $\dfrac{\zeta'(s)}{\zeta(s)}\dfrac{x^s}{s}$ の留数は，

$$-\log 2\pi$$

です．

■まとめ

以上の留数計算の結果をまとめると (17.6) は，(17.8) になります．

このマンゴルトの明示公式の左辺は，素数のべき乗でステップアップする階段関数です．そして，マンゴルトの明示公式は，この階段関数が，ゼータ関数のポールと零点の情報で書き表せることを意味しています．これが意味することについては，次節でじっくり見ていきます．

---

*5　非自明な零点の位数は 1 であると予想されているものの，証明はされていません．

17.6 マンゴルト明示公式の意味—近似項—

マンゴルトの明示公式

$$\psi^*(x) = \boxed{\boxed{x} - \frac{\log(1-x^{-2})}{2} - \log 2\pi} - \sum_{\rho:\zeta\text{の非自明零点}} \frac{x^\rho}{\rho} \tag{17.8}$$

をよく見ていきましょう．特に本節では，右辺の第 1 項から第 3 項までに着目します．この第 1 項から第 3 項までを**近似項**と言うことにします．

■左辺

左辺のチェビシェフ関数 ψ^* は素数のべき乗 p^n で $\log p$ ステップアップする階段関数です．Figure 17.4(a) は ψ^* のグラフですが，（にわかには信じられないことに）このグラフが右辺で表されるのです．

■右辺第 1 項

右辺の第 1 項は斜め 45 度の直線を意味しています．Figure 17.4(b) の赤線を見ると，チェビシェフ関数 ψ^* と概ね同じような傾きで増加していることが分かります．

■右辺第 2 項

第 2 項までのグラフは Figure 17.4(b) の青線です．第 2 項は，$x = 10$ のとき $-\frac{1}{2}\log(1-10^{-2}) = 0.0050\ldots$，$x = 100$ のとき $-\frac{1}{2}\log(1-100^{-2}) = 0.000050\ldots$ と，x を大きくすればするほど極めて小さい値になります．

■右辺第 3 項

第 3 項は定数であり，$\log 2\pi = 1.837877\cdots$ です．Figure 17.4(b) で青線を下方に平行移動した緑線が第 1 項から第 3 項までのグラフです．

■近似項のまとめ

グラフの緑線を見ると，チェビシェフ関数 $\psi^*(x)$ をよく近似できていることが分かります．特に，素数のべき乗部分でステップアップする部分，つまり，グラフの黒丸部分付近を緑線が通っていることが分かります．これが，第 1 項から第 3 項までを近似項と呼ぶ所以であり，第 1 項から第 3 項までで，素数の位置を近似することができます．

第 1 項から第 3 項までは，ゼータ関数のポールと自明な零点からできていることを思い出しましょう．つまり，ゼータ関数のポールと自明な零点は，素数の位置を近似的に知っているということになります．これが「はじめに」で述べた**ゼータ関数と素数の関係（その 2）**だったのです．

しかし，他方で階段関数の平らな部分は，全く表していないことも見て取れます．そもそも，近似項は連続関数であり，不連続関数である階段関数を表すのには無理があります．階段の平らな部分では，第 4 項が本質的に重要な役割を演じています．それについては．第 19 章で確認します．その前に，マンゴルトの明示公式と素数定理の関係を見ていきましょう．

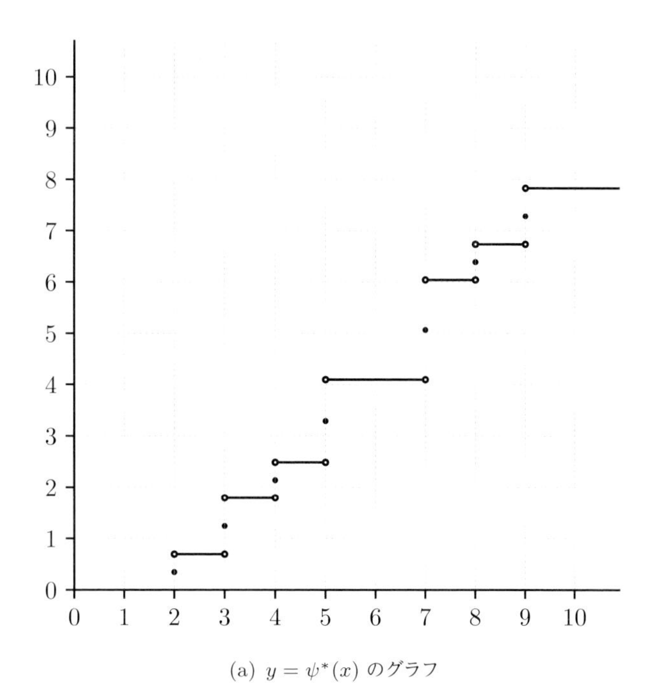

(a) $y = \psi^*(x)$ のグラフ

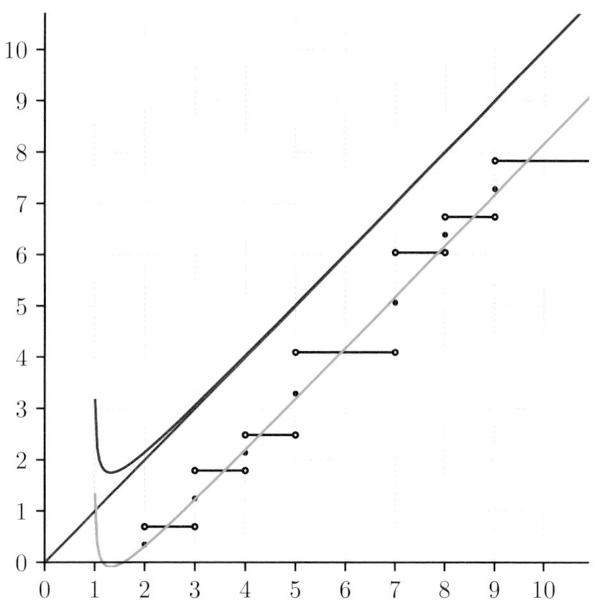

(b) マンゴルトの明示公式の第 1 項（赤），第 2 項（青），第 3 項（緑）まで

Figure 17.4：マンゴルトの明示公式

(a) は，チェビシェフ関数 $\psi^*(x)$ のグラフ．(b) の緑線は，マンゴルトの明示公式の第 3 項までのグラフであり，良い精度でチェビシェフ関数のステップアップする部分の中点（グラフの黒丸）を近似していることが分かる．ここで注目すべきは，チェビシェフ関数は素数のべき乗でステップアップをする関数だということだ．つまり，チェビシェフ関数が分かれば素数のべき乗の位置も正確に分かるのである．

Column ＞変わった名前の数学の予想

リーマン予想をはじめとして，数学の予想の多くには予想した人の名前が付けられています．有名な予想としては，ポアンカレ予想やフェルマーの予想などがあります．しかし，中には数学の予想とは思えない変わった名前，ロマンが感じられる名前の予想もあります．

■青春の夢

そのようなものの一つとして，「クロネッカーの青春の夢」という名前の予想があります．クロネッカー（Leopold Kronecker）とは，リーマンと同時代の 19 世紀後半に活躍したドイツの数学者です．クロネッカーは 22 歳でベルリン大学を卒業し，いったんは家業を手伝うために故郷へと戻りましたが，数学への思いは断ち難く，30 歳前に数学の研究に復帰し，整数論，楕円関数論，群論など，幅広い分野で大きな業績を残しました．57 歳のころ，数学者であるデデキントに対する手紙の中で，ある数学の予想に関して「それが我が愛する青春の夢（ドイツ語 meinen liebsten Jugendtraum）です．」と言及しました．それが，後に「クロネッカーの青春の夢」と呼ばれる予想です．これは整数論に関する予想であり，後に，日本の数学者である高木貞治によって解かれました．

■ムーンシャイン予想

また，別の例として，ムーンシャイン予想（moonshine conjecture）というものもあります．moonshine とは月の光ですので，月光予想，なんともロマンティックな名前です．しかし moonshine という単語には「荒唐無稽な話」「たわごと」といった意味もあり，「まさかそんなことは成り立つはずがないだろう」といった意味も込められています．ムーンシャイン予想とは，モンスター群と呼ばれる非常に大きな群（位数が 8×10^{53} にもなる群）の既約表現の次元が，楕円曲線の j 不変量と関係しているとする予想です．具体的には，モンスター群の既約表現の次元を r_n とすると，

$$r_1 = 1, \quad r_2 = 196883, \quad r_3 = 21296876, \quad r_4 = 842609326, \ldots$$

となります．一方，楕円曲線の j 不変量をフーリエ展開すると

$$j(\tau) = \frac{1}{q} + 744 + 196884q + 21493760q^2 + 864299970q^3 + \cdots$$

となります（ここで，$q = e^{2\pi i \tau}$ です）．そして，この j 不変量のフーリエ係数とモンスター群の既約表現の次数との間には

$$\begin{aligned} 1 &= r_1 \\ 196884 &= r_1 + r_2 \\ 21493760 &= r_1 + r_2 + r_3 \\ 864299970 &= 2r_1 + 2r_2 + r_3 + r_4 \end{aligned}$$

という関係があります．これは，1979 年にコンウェイ（Jhon Conway）らによって予想され，1992 年にボーチャーズ（Richard Borcherds）によって証明されました．モンスター群と j 不変量という，一見何の関係もないと思われるものの間に単純な関係があるという，moonshine の名にふさわしい予想です．

第18章 素数定理

18.1 素数定理を ψ を用いて言い換える

本章では，マンゴルトの明示公式と素数定理の関係を説明したうえで，素数定理の証明のアイデアを説明します．

素数定理は $x \to \infty$ で

$$\pi(x) \sim \frac{x}{\log x} \sim \int_2^\infty \frac{1}{\log x} dx$$

でした（定理 2.3.1，定理 2.4.1）．そして，これは非常に大雑把に言ってしまえば，x の周辺では $\log x$ 個に一つ素数があることを意味しています．

一方，チェビシェフ関数 $\psi(x)$ は素数のべき乗 p^n で $\log p$ 増加する階段関数でした．Figure 17.1 を見ると，$\psi(x)$ は，傾き 45 度の直線で近似できそうです[*1]．

実は，次の補題のとおり，素数定理は $y = \psi(x)$ が $y = x$ で近似できることと同値なのです．

● 補題 18.1.1　素数定理と同値な命題

次の命題は，素数定理と同値である．

$$\psi(x) \sim x \quad (x \to \infty) \tag{18.1}$$

この補題の証明は次節で行います．

*1　$\psi(x)$ と $\psi^*(x)$ は x が p^n のときのみ値が異なりますが，$x \to \infty$ での挙動を考える場合は，区別する必要はありません．

18.2　補題 18.1.1 の証明

(18.1) は，素数定理と同値な命題（つまり，素数定理 $\Leftrightarrow$ (18.1)）ですが，本書で必要なのは，「(18.1)$\Rightarrow$ 素数定理」だけですので，その場合の証明を示します．最初に次の補題を示します．

● 補題 18.2.1

任意の $x \geq 2$ と任意の $0 < \varepsilon < 1$ に対し，次が成立する．

$$\psi(x) - \sqrt{x}\log x \leq \pi(x)\log x \leq \frac{1}{1-\varepsilon}\psi(x) + x^{1-\varepsilon}\log x$$

証明

（左側の不等式）$\psi(x)$ の定義は $\psi(x) = \sum_{p^n \leq x} \log p$ であり，この和をとる範囲については

$$p^n \leq x \Longleftrightarrow n \leq \frac{\log x}{\log p}$$

が成り立つ．これを用いると，

$$\begin{aligned}
\psi(x) &= \sum_{p^n \leq x} \log p \\
&= \sum_{p \leq x} \log p + \sum_{p^n \leq x, 2 \leq n} \log p \\
&\leq \sum_{p \leq x} \log x + \sum_{p \leq \sqrt{x}} \frac{\log x}{\log p} \cdot \log p \\
&\leq \log x \sum_{p \leq x} 1 + \log x \cdot \sqrt{x} \\
&= \log x \cdot \pi(x) + \log x \cdot \sqrt{x}
\end{aligned}$$

和を素数 p の場合と p^n $(n \geq 2)$ の場合に分ける

$p^n \leq x \leftrightarrow n \leq \frac{\log x}{\log p}$ より第 2 項は高々 $\frac{\log x}{\log p}$ 個の和
また，$p^2 \leq x$ より $p \leq \sqrt{x}$ の和をとれば十分

第 1 項は，$\log x$ で括り出す
また，第 2 項は高々 $\sqrt{x}$ 個の和

$\sum_{p \leq x} 1 = \pi(x)$ である

したがって，

$$\psi(x) - \sqrt{x}\log x \leq \pi(x)\log x$$

であり，左側の不等式が示された．

（右側の不等式）

$$
\begin{aligned}
\psi(x) &= \sum_{p^n \le x} \log p \\
&\ge \sum_{p \le x} \log p && \text{和をとる範囲を } p^n \le x \text{ から } p \le x \text{ に限定} \\
&\ge \sum_{x^{1-\varepsilon} < p \le x} \log p && \text{さらに和をとる範囲を } x^{1-\varepsilon} < p \le x \text{ に限定} \\
&\ge \sum_{x^{1-\varepsilon} < p \le x} \log x^{1-\varepsilon} && x^{1-\varepsilon} < p \le x \text{ の範囲で } \log p \ge \log x^{1-\varepsilon} \\
&= (\pi(x) - \pi(x^{1-\varepsilon}))(1-\varepsilon)\log x && \textstyle\sum_{x^{1-\varepsilon} < p \le x} 1 = \pi(x) - \pi(x^{1-\varepsilon}) \\
&\ge (\pi(x) - x^{1-\varepsilon})(1-\varepsilon)\log x && \pi(x^{1-\varepsilon}) < x^{1-\varepsilon}
\end{aligned}
$$

により $\pi(x)\log x \le \frac{1}{1-\varepsilon}\psi(x) + x^{1-\varepsilon}\log x$ が成り立つが，これは右側の不等式である．

証明　補題 18.1.1 の証明

(18.1)⇒「素数定理」が成り立つことを示す（逆の証明は省略）．補題 18.2.1 より，$x \ge 2$ と $0 < \varepsilon < 1$ に対し

$$
\frac{\psi(x) - \sqrt{x}\log x}{x} \le \frac{\pi(x)\log x}{x} \le \frac{1}{1-\varepsilon}\frac{\psi(x)}{x} + \frac{\log x}{x^{\varepsilon}}
$$

が成り立つ．(18.1) を仮定しているため，$x \to \infty$ とすると 左辺 は

$$
\lim_{x\to\infty} \frac{\psi(x) - \sqrt{x}\log x}{x} = 1
$$

であり， 右辺 は

$$
\lim_{x\to\infty} \left(\frac{1}{1-\varepsilon}\frac{\psi(x)}{x} + \frac{\log x}{x^{\varepsilon}} \right) = \frac{1}{1-\varepsilon}
$$

である．ここで，$\varepsilon \to 0$ とすると右辺は 1 に収束する．したがって，はさみうちの原理により

$$
\lim_{x\to\infty} \frac{\pi(x)\log x}{x} = 1
$$

であるが，これは素数定理に他ならない．

18.3 素数定理の証明のアイデア

補題 18.1.1 により，$\psi(x) \sim x$ $(x \to \infty)$ を証明すれば素数定理を証明できることが分かりました．そして，マンゴルトの明示公式（定理 17.5.1）により

$$\psi^*(x) = x - \frac{\log(1-x^{-2})}{2} - \log 2\pi - \sum_{\rho:\zeta\text{の非自明零点}} \frac{x^\rho}{\rho} \tag{17.8}$$

が成り立ちますので，この式より $\psi(x) \sim x$ を示すことができそうです！ しかし，実際にはそう単純ではなく，ここからさらに越えるべき山がいくつかあります．そして残念ながら，その証明は本書の範囲を超えています．そこで，以下ではその証明のポイントとなる点に絞って解説します．

■素数定理の証明のポイント

$\sim$ の定義を思い出すと，$\psi(x) \sim x$ は

$$\lim_{x\to\infty} \frac{\psi(x)}{x} = 1$$

を意味しています．マンゴルトの明示公式を考えると

$$\lim_{x\to\infty} \frac{\psi^*(x)}{x} = 1 - \lim_{x\to\infty} \frac{\log(1-x^{-2})}{2x} - \lim_{x\to\infty} \frac{\log 2\pi}{x} - \lim_{x\to\infty} \sum_{\rho:\zeta\text{の非自明零点}} \frac{x^{\rho-1}}{\rho}$$

ですが，第 2 項，第 3 項は 0 に収束しますので，ポイントは第 4 項が 0 となるか，つまり

$$\lim_{x\to\infty} \sum_{\rho:\zeta\text{の非自明零点}} \frac{x^{\rho-1}}{\rho} = 0$$

となるかという点です．この式で lim と $\sum$ を交換することはできません*2．しかし，仮に lim と $\sum$ を交換できるとすると問題は,

$$\lim_{x\to\infty} \frac{x^{\rho-1}}{\rho} = 0$$

となります．そして $|x^{\rho-1}| = x^{\mathrm{Re}\,\rho-1}$ なので $\mathrm{Re}\,\rho - 1 < 0$，つまり $\mathrm{Re}\,\rho < 1$ であれば $x^{\rho-1} \to 0$ といえます．この考察は $\sum$ と lim が交換できると仮定したうえでのことですので，証明にはなっていませんが，$\mathrm{Re}\,\rho < 1$ が素数定理のポイントになるという感覚はこの説明からも分かると思います．$\mathrm{Re}\,\rho < 1$ は，つまりクリティカル領域の境界である $s = 1$ のライン上に零点がないことを意味します．

素数定理は，1896 年に，アダマール（Jacques Hadamard）とド・ラ・ヴァレー・プーサン（Charles Jean de la Vallée-Poussin）によって独立に証明されましたが，この 2 人の証明のポイントはやはり $\mathrm{Re}\,\rho < 1$ にありました．

*2　一様収束していません．

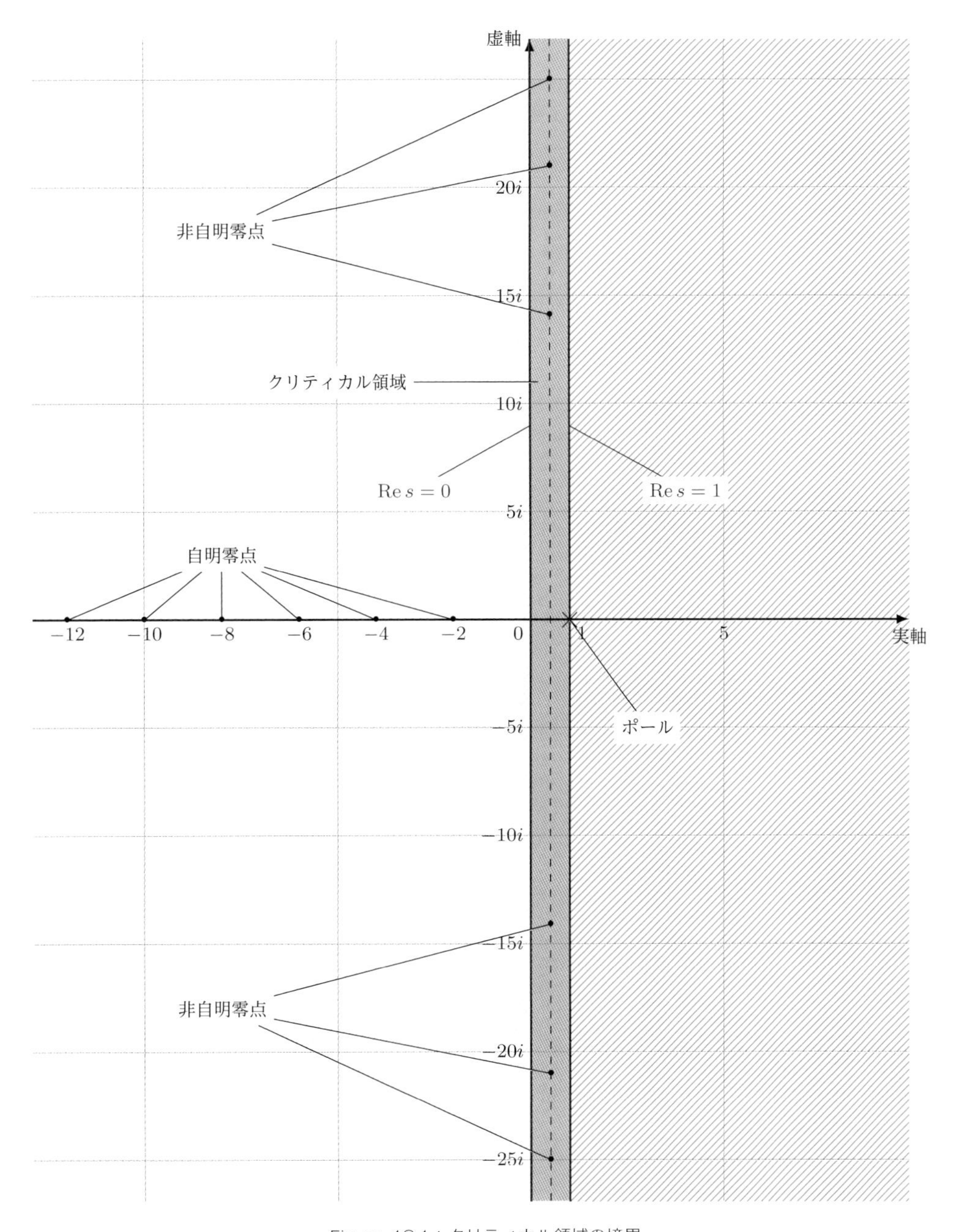

Figure 18.1：クリティカル領域の境界

素数定理の証明のポイントは，ゼータ関数の零点がクリティカル領域の境界 $\mathrm{Re}s=1$ 上にないことにある．（なお，関数等式を考えると，この場合 $\mathrm{Re}s=0$ 上にも零点がないことが分かる．）素数定理は，$\mathrm{Re}s=1$ 上に零点がないことを用いて，1896 年にアダマールとド・ラ・ヴァレ・プーサンによって独立に証明された．

素数定理のポイントは $\mathrm{Re}s=1$ 上に零点がないことであるが，一方で，リーマン予想は非自明零点がすべてクリティカルライン（$\mathrm{Re}s=\frac{1}{2}$）にあるという予想であり，$0<\mathrm{Re}s<1$ と $\mathrm{Re}s=\frac{1}{2}$ との間にはとてつもなく大きな隔たりがあることが分かる．

18.4　Re $s = 1$ 上に零点がないこと

本書では，残念ながら素数定理の証明は行いませんが，素数定理の証明のポイントとなる Re $s = 1$ 上にゼータ関数の零点がないことは示します．

●定理 18.4.1　$\zeta(1+\tau i)$ の非零性

Re $s = 1$ において $\zeta(s) \neq 0$ である．

この定理の証明の前に補題を準備します．

●補題 18.4.2

$s = \sigma + \tau i$，Re $s = \sigma > 1$ に対し

$$\zeta(\sigma)^3 |\zeta(\sigma+\tau i)|^4 |\zeta(\sigma+2\tau i)| \geq 1$$

σ は $\sigma > 1$ なる実数ですので，σ，$\sigma+\tau i$，$\sigma+2\tau i$ の関係は次の図のようになります．

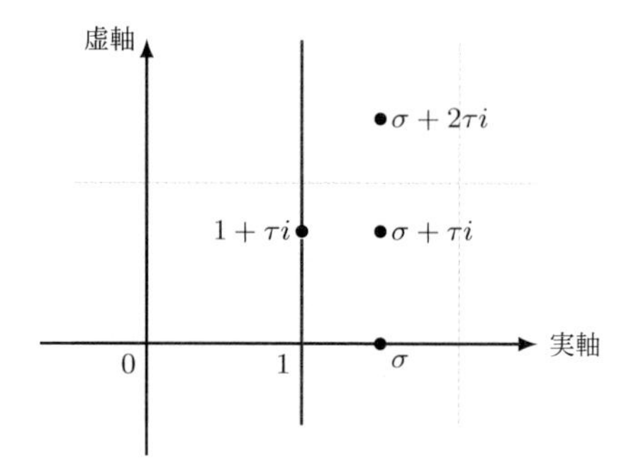

Figure 18.2：σ，$\sigma+\tau i$，$\sigma+2\tau i$ の関係

証明

Re $s = \sigma > 1$ のとき (17.1) より

$$\log \zeta(s) = \sum_{p:\text{素数}} \sum_{m=1}^{\infty} \frac{1}{mp^{ms}}$$

である．ここで $s = \sigma + \tau i$ であり

$$\begin{aligned} p^{-ms} &= p^{-m\sigma} p^{-im\tau} \\ &= p^{-m\sigma} e^{-im\tau \log p} \\ &= p^{-m\sigma}(\cos(-m\tau \log p) + i \sin(-m\tau \log p)) \end{aligned}$$

したがって

$$\mathrm{Re}\, p^{-ms} = p^{-m\sigma} \cos(m\tau \log p)$$

一般に複素数 z に対し $\log|z| = \mathrm{Re}\log z$ であるため

$$\log|\zeta(s)| = \mathrm{Re}\log\zeta(s) = \sum_{p:素数}\sum_{m=1}^{\infty}\frac{\cos(m\tau\log p)}{mp^{m\sigma}}$$

したがって

$$\begin{aligned}&3\log\zeta(\sigma) + 4\log|\zeta(\sigma+i\tau)| + \log|\zeta(\sigma+2i\tau)|\\ =&\sum_{p:素数}\sum_{m=1}^{\infty}\frac{3+4\cos(m\tau\log p)+\cos(2m\tau\log p)}{mp^{m\sigma}}\end{aligned}$$

右辺の分子は次の補題 18.4.3 を認めれば 0 以上である．したがって，

$$\log\left(\zeta(\sigma)^3|\zeta(\sigma+i\tau)|^4|\zeta(\sigma+2i\tau)|\right) \geq 0$$

となり，次の補題を証明すれば完結する．

● 補題 18.4.3

任意の実数 θ に対し

$$3 + 4\cos\theta + \cos 2\theta \geq 0$$

証明

$$\begin{aligned}3 + 4\cos\theta + \cos 2\theta &= 3 + 4\cos\theta + 2\cos^2\theta - 1\\ &= 2(\cos^2\theta + 2\cos\theta + 1)\\ &= 2(\cos\theta + 1)^2 \geq 0\end{aligned}$$

補題 18.4.2 を使って，定理を証明します．

 **定理 18.4.1 の証明**

実数 τ に対して $\zeta(1+\tau i) = 0$ と仮定する．この τ を固定して

$$f(s) = \zeta(s)^3\zeta(s+\tau i)^4\zeta(s+2\tau i)$$

とする．$f(s)$ は s の関数として正則関数であり，$s=1$ で $\zeta(1)^3$ は 3 位のポール，$\zeta(1+\tau i)^4$ は 4 位以上の零点となり，また，$\zeta(1+2\tau i)$ がポールになることはないことを考えあわせると，$s=1$ は $f(s)$ の零点となる．しかし，補題 18.4.2 より任意の $\varepsilon > 0$ に対して $|f(1+\varepsilon)| \geq 1$ となるが，これは $f(s)$ が $s=1$ で零点をもつことに反する．

第19章 素数で輝く

19.1 リーマンスペクトル

いよいよ最終章です．本書のメインテーマである，非自明零点と素数の分布との関係をグラフを使って視覚的に確認します．マンゴルトの明示公式（定理 17.5.1）の第 4 項を分析することによって，非自明零点から素数を生成し，逆に，素数から非自明零点を生成します．

■リーマンスペクトル

本章では，リーマン予想が成り立つと仮定します．すると，非自明零点は，$\frac{1}{2}+\theta i$ の形をしています．そこで θ_i を非自明零点の虚部が正のものの中から小さい（実軸に近い）順に番号を付けます．つまり，非自明零点を実軸から近い順に

$$\rho_1=\frac{1}{2}+\theta_1 i,\ \rho_2=\frac{1}{2}+\theta_2 i,\ \rho_3=\frac{1}{2}+\theta_3 i,\ \rho_4=\frac{1}{2}+\theta_4 i,\ \rho_5=\frac{1}{2}+\theta_5 i,\dots$$

と表します．この θ_i（非自明零点の虚部）のことを [37] に倣って**リーマンスペクトル**と言うこととします．

スペクトルとは，光をプリズム（分光器）を通したときにできる光の帯を意味しています．ヘリウムなどの原子は，電圧をかけたり，炎にさらしたりすると，固有の波長の光を出すことが知られており，これを原子のスペクトルと言います．原子には，原子ごとに固有なスペクトルがあるため，原子が分かればスペクトルが分かり，逆にスペクトルが分かれば原子を特定することもできます．

非自明零点の虚部をリーマンスペクトルと呼ぶのも，素数との間にそのような関係があるからです[*1]．Figure 19.1(a) は素数で輝いており，(b) はリーマンスペクトルで輝いているように見えませんか？ (a) はリーマンスペクトルの情報，(b) は素数の情報で描いています．つまり，原子とそのスペクトルのように，素数はリーマンスペクトルの情報をもち，リーマンスペクトルは素数の情報をもっているのです！

各グラフの説明は § 19.6，§ 19.7 で行います．

---

*1　ただし，原子の場合とは異なり，素数の一つひとつにそのスペクトルがあるわけではなく，素数全体とリーマンスペクトル全体が対応しています．

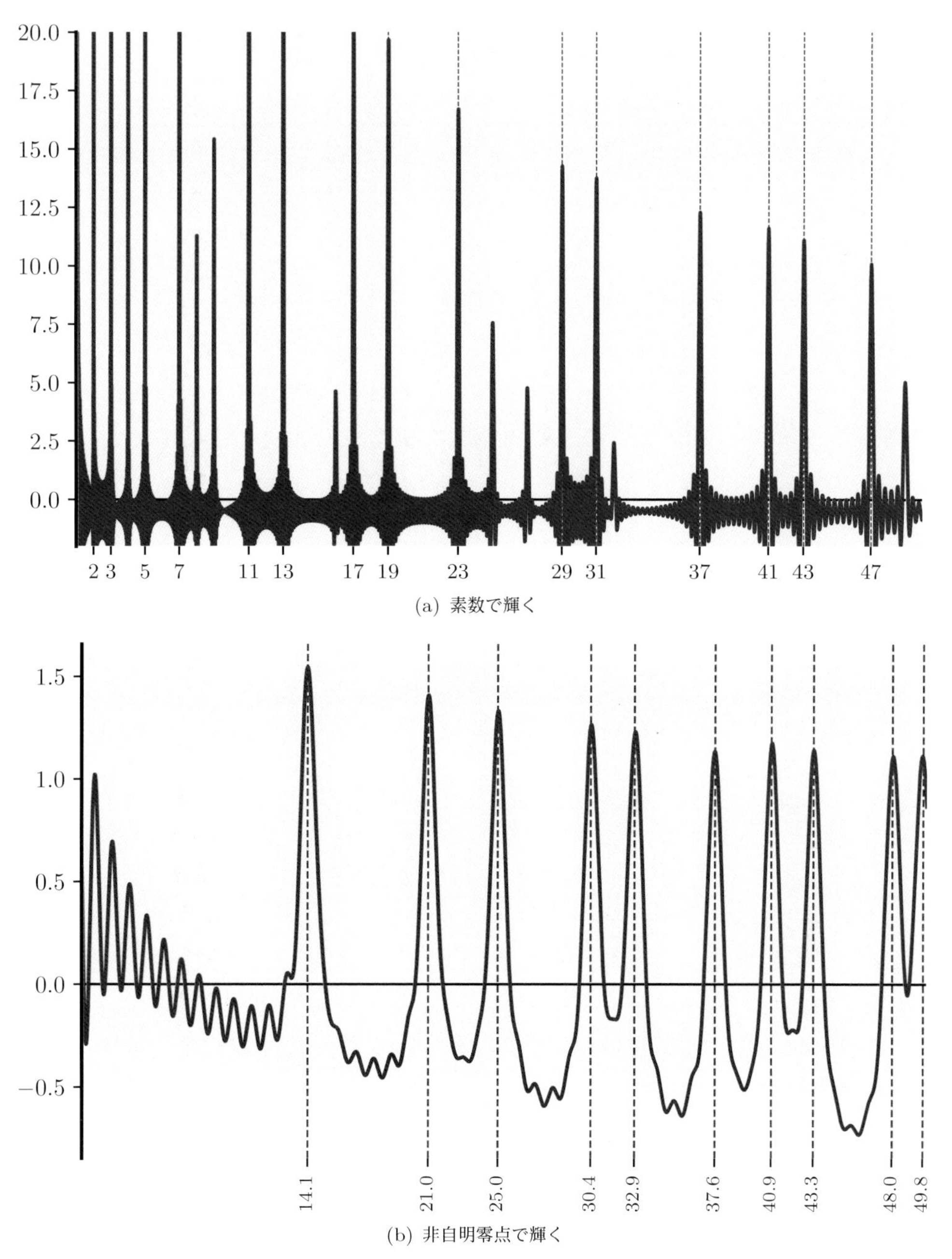

(a) 素数で輝く

(b) 非自明零点で輝く

Figure 19.1：素数とリーマンスペクトル

(a) は，リーマンスペクトルの情報から素数で輝く関数のグラフ．素数で大きく輝き，素数のべき乗（4，8，9，17，…）でも小さく輝いていることが分かる．詳細は § 19.6 参照．(b) は，素数の情報からリーマンスペクトルで輝く関数のグラフ．14.0，21.0，25.0，... はリーマンスペクトル．素数からリーマンスペクトルを生成することができる．詳細は § 19.7 参照

19.2　マンゴルト明示公式の意味―周期項―

マンゴルトの明示公式（定理 17.5.1）

$$\psi^*(x) = x - \frac{\log(1-x^{-2})}{2} - \log 2\pi - \sum_{\rho:\zeta\text{の非自明零点}} \frac{x^\rho}{\rho}$$

の第 4 項を**周期項**と言います．本節では周期項がチェビシェフ関数の階段部分―つまり，ステップアップして平らになるという部分―を作っていることを確認します．

そもそも，マンゴルトの明示公式の左辺の ψ^* は，素数のべき乗 p^n で $\log p$ だけステップアップする階段関数です．一方，近似項は，（局所的には）直線状の関数ですので，階段関数を作っているのは周期項なのです．

■周期項の計算

まず，周期項が「周期項」と言われる所以について見ていきます．θ をリーマンスペクトルとすると $\rho = \frac{1}{2}+\theta i$ と $\overline{\rho} = \frac{1}{2}-\theta i$ が非自明零点となります．ここでバーは複素共役を意味しています．すると，$x > 0$ のとき $x^{\frac{1}{2}+\theta i} = x^{\frac{1}{2}} e^{(\theta \log x)i} = x^{\frac{1}{2}}(\cos(\theta \log x)+i\sin(\theta \log x))$ であることを思い出して（§ 5.4）周期項を計算すると

$$\begin{aligned}
\frac{x^\rho}{\rho} + \frac{x^{\overline{\rho}}}{\overline{\rho}} &= \frac{x^{\frac{1}{2}+\theta i}}{\frac{1}{2}+\theta i} + \frac{x^{\frac{1}{2}-\theta i}}{\frac{1}{2}-\theta i} \\
&= x^{\frac{1}{2}} \frac{(\cos(\theta\log x) + i\sin(\theta\log x))(\frac{1}{2}-\theta i) + (\cos(\theta\log x) - i\sin(\theta\log x))(\frac{1}{2}+\theta i)}{(\frac{1}{2}+\theta i)(\frac{1}{2}-\theta i)} \\
&= x^{\frac{1}{2}} \frac{\cos(\theta\log x) + 2\theta\sin(\theta\log x)}{\frac{1}{4}+\theta^2}
\end{aligned}$$

となります．$\sin$ や $\cos$ の三角関数で表されており，周期関数のようになっています．これが，「周期項」と呼ばれている理由です．

■周期項のグラフ

Figure 19.2(a) は $\theta = 14.1$（最初のリーマンスペクトル）としたときの周期項のグラフです．振動していることが分かります．しかも振幅はどんどん大きくなっています．

Figure 19.2(b) は $\theta = 21.0$（二つ目のリーマンスペクトル）としたときの周期項のグラフです．θ が変わるため，(a) のグラフとは周期が異なっています．

Figure 19.2(c) は，この二つの周期項を足したものです．それぞれの周期は異なりますので，いびつな形をしています．このように，周期項は，異なる周期の周期関数を足し合わせたものになっています．この周期関数を足し合わせたものが，階段関数を作っているのです．この周期はリーマンスペクトルから生成されていますので，つまり，リーマンスペクトルが階段関数を作っているのです．

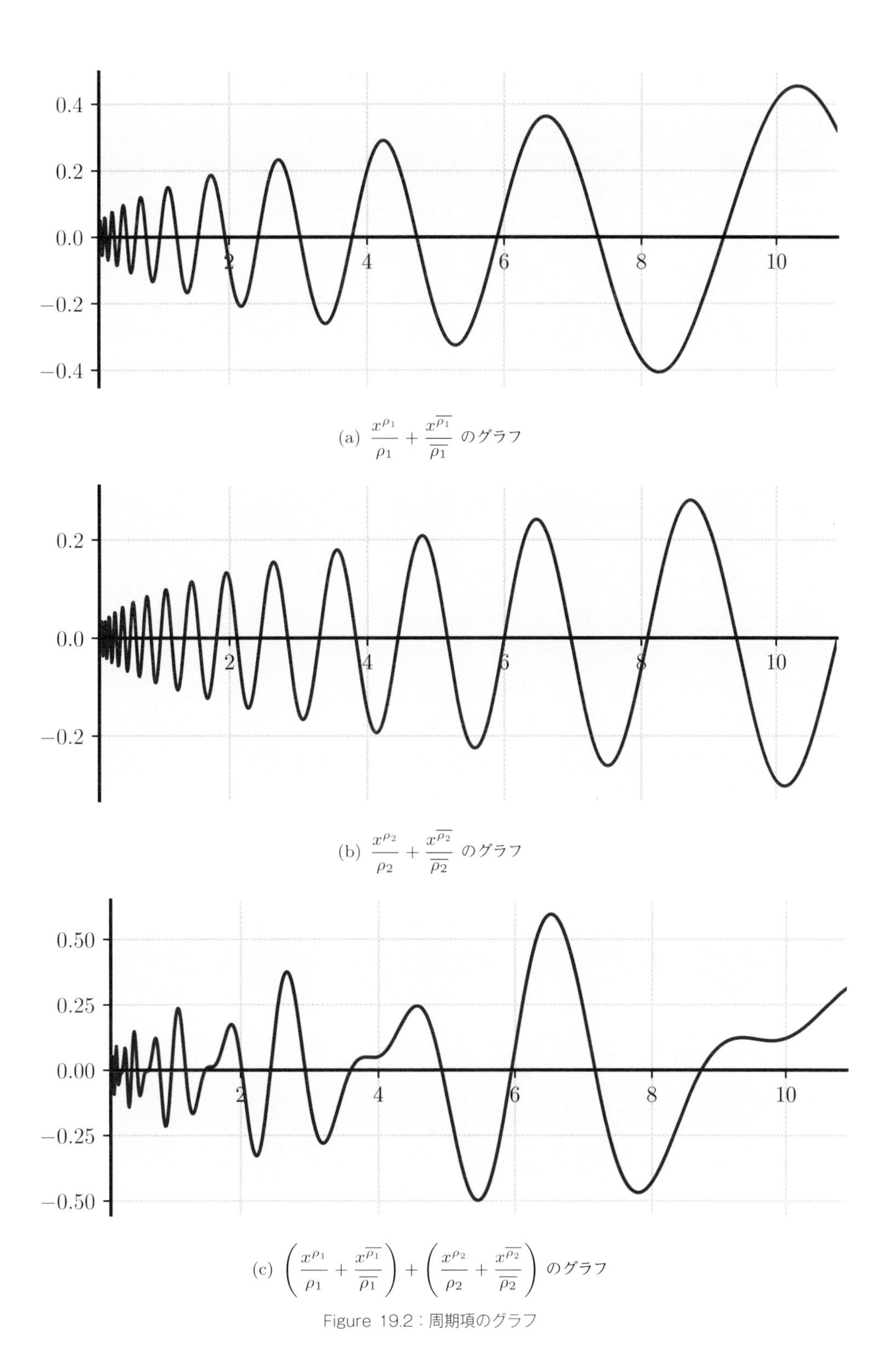

(a) $\dfrac{x^{\rho_1}}{\rho_1} + \dfrac{x^{\overline{\rho_1}}}{\overline{\rho_1}}$ のグラフ

(b) $\dfrac{x^{\rho_2}}{\rho_2} + \dfrac{x^{\overline{\rho_2}}}{\overline{\rho_2}}$ のグラフ

(c) $\left(\dfrac{x^{\rho_1}}{\rho_1} + \dfrac{x^{\overline{\rho_1}}}{\overline{\rho_1}}\right) + \left(\dfrac{x^{\rho_2}}{\rho_2} + \dfrac{x^{\overline{\rho_2}}}{\overline{\rho_2}}\right)$ のグラフ

Figure 19.2：周期項のグラフ

19.3　マンゴルトの明示公式のグラフ 1

周期項がチェビシェフ関数の階段部分を作っていく過程をグラフで確認します．マンゴルトの明示公式のうち，近似項

$$x - \frac{\log(1-x^{-2})}{2} - \log 2\pi$$

のグラフを思い出しておきましょう．Figure 19.3(a) の緑線が近似項のグラフです．階段関数とはかけ離れた形状をしています．

これに前節で見た周期項のグラフを足します．ここで n 番目の非自明零点まで周期項の和に制限したものを $\psi_n(x)$ とします．つまり

$$\psi_n(x) = x - \frac{\log(1-x^{-2})}{2} - \log 2\pi - \sum_{i=1}^{n} \left(\frac{x^{\frac{1}{2}+\theta i}}{\frac{1}{2}+\theta i} + \frac{x^{\frac{1}{2}-\theta i}}{\frac{1}{2}-\theta i} \right)$$

とおきます．

■$\psi_1(x)$ のグラフ

Figure 19.3(a) の赤線は，近似項（緑線）に周期項（ただし，一つ目の非自明零点のみ）を足した $\psi_1(x)$ のグラフです．

素数のべき乗部分では，階段の中点（黒丸）の付近を通っていることが分かります．また，階段の平らな部分については，一部の区間（1～2 や 6 付近）で，平らになりかけている部分があることが分かります．ただし，まだ，階段関数とはほど遠い形状をしています．とはいえ，たった一つの非自明零点を足すだけで，ステップアップ部分の中点（黒丸）近くを通っていることが分かりますし，一部の区間では平らになりかけているというのは驚きです．

■$\psi_2(x)$ のグラフ

Figure 19.3(b) の赤線は，2 番目の非自明零点まで足した $\psi_2(x)$ のグラフです．素数のべき乗部分では，ステップアップする中点（黒丸）の近くを通っていることが分かります．ただし，$x = 8$ や 9 では少し乖離があります．また，1 から 2 までの間や $x = 3.5$ の付近では，赤線が平らになってきていることが分かります．さらに注目すべきは，2～3 や 5～7 の部分です．この部分では，赤線は上下に振動しています．元々直線状の近似項（緑線）に周期項を足すことによって上限に振動しているのです．これこそ，周期項の役割です．

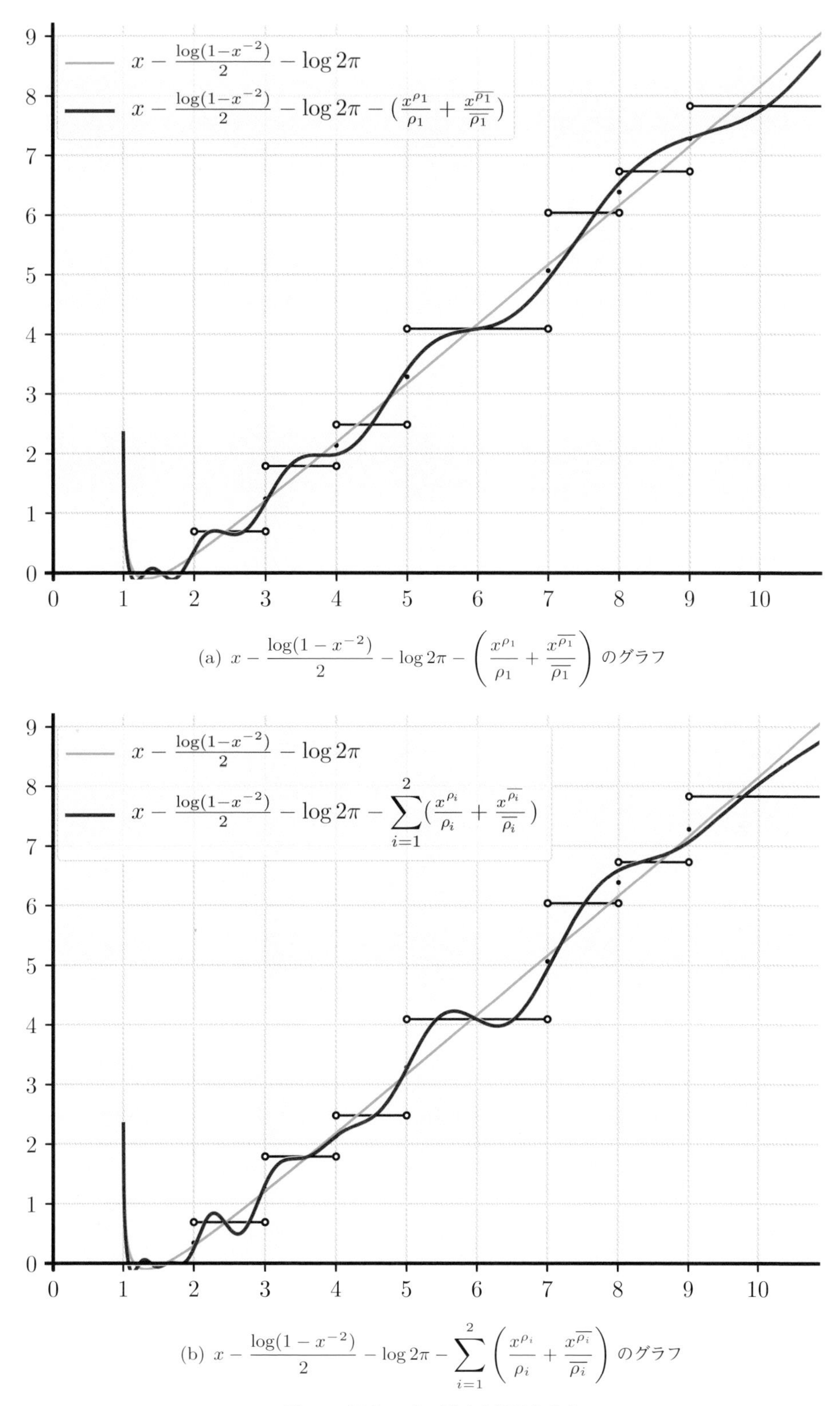

(a) $x - \dfrac{\log(1 - x^{-2})}{2} - \log 2\pi - \left(\dfrac{x^{\rho_1}}{\rho_1} + \dfrac{x^{\overline{\rho_1}}}{\overline{\rho_1}}\right)$ のグラフ

(b) $x - \dfrac{\log(1 - x^{-2})}{2} - \log 2\pi - \displaystyle\sum_{i=1}^{2}\left(\dfrac{x^{\rho_i}}{\rho_i} + \dfrac{x^{\overline{\rho_i}}}{\overline{\rho_i}}\right)$ のグラフ

Figure 19.3：マンゴルトの明示公式 1

19.4　マンゴルトの明示公式のグラフ２

さらに非自明零点の個数を増やすことによって，マンゴルトの明示公式が階段関数を表しているのか確かめます．

■$\psi_5(x)$ のグラフ

Figure 19.4(a) の赤線は，5 番目の非自明零点まで足した $\psi_5(x)$ のグラフです．$x = 8, 9$ も含め素数のべき乗部分でステップアップ部分の中点（黒点）の付近を通っていることが分かります．また，平らな部分についても $x < 5$ 程度までは徐々に平らになってきていることが分かります．

■$\psi_{100}(x)$ のグラフ

Figure 19.4(b) の赤線は，100 番目の非自明零点まで足した $\psi_{100}(x)$ のグラフです．ほとんど階段関数であることが分かります．

これらのグラフを通じて，マンゴルトの明示公式により階段関数 ψ^* が再現される過程を実感できたと思います．近似項だけでは滑らかな（局所的に）直線状のライン（緑線）が，周期項を足していくことで徐々に上下に振動するようになり，最後には水平な階段関数になるということが実感できたでしょうか．

これらのグラフから，周期項が，階段関数の平らな部分と素数（のべき乗）でのステップアップ部分を作っていることが見て取れたと思います．そして周期項は，リーマンスペクトルからできています．つまり，リーマンスペクトルは素数（のべき乗）の情報をもっていることになります．14.1，21.0，25.0，30.4，32.9，37.6，... とおおよそ素数とは関係ないように見えるリーマンスペクトルの中に，素数とそのべき乗の情報が含まれているというのは驚きです．次節では周期項を微分し，このリーマンスペクトルに素数とそのべき乗の情報が含まれていることをさらによく見えるようにします．

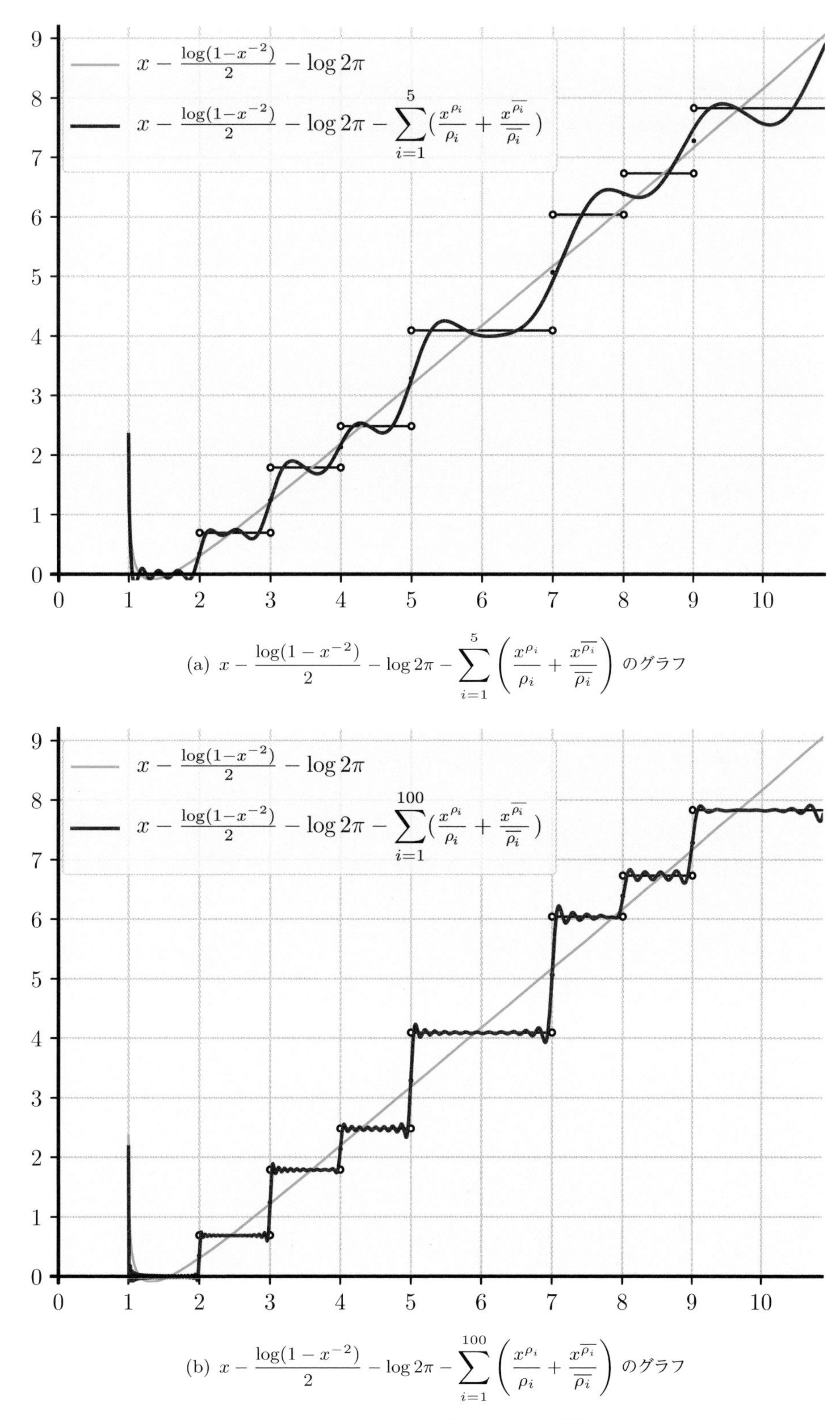

(a) $x - \dfrac{\log(1-x^{-2})}{2} - \log 2\pi - \displaystyle\sum_{i=1}^{5}\left(\dfrac{x^{\rho_i}}{\rho_i} + \dfrac{x^{\overline{\rho_i}}}{\overline{\rho_i}}\right)$ のグラフ

(b) $x - \dfrac{\log(1-x^{-2})}{2} - \log 2\pi - \displaystyle\sum_{i=1}^{100}\left(\dfrac{x^{\rho_i}}{\rho_i} + \dfrac{x^{\overline{\rho_i}}}{\overline{\rho_i}}\right)$ のグラフ

Figure 19.4：マンゴルトの明示公式 2

19.5 周期項を微分する

前節では周期項が階段関数のステップアップ部分を作っていることをグラフで確かめました．階段関数のステップアップ部分を作っているということは，周期項を微分すると，ステップアップ部分である素数のべき乗で大きく変化しているはずです．そこで，周期項の微分を考えてみましょう．

しかし，周期項

$$-\sum_{\rho:\zeta\text{の非自明零点}} \frac{x^\rho}{\rho}$$

は一様収束していないため，項別に微分することはできません[*2]．しかし，有限和で止めたものであれば，項別微分は可能です．そこで，N 項までの和

$$-\sum_{i=1}^{N} \left(\frac{x^{\rho_i}}{\rho_i} + \frac{x^{\overline{\rho_i}}}{\overline{\rho_i}} \right)$$

を微分します．有限和であれば項別に微分することが可能です．まず，各項を微分したうえで，$\rho = \frac{1}{2} + \theta i$ を代入すると[*3]

$$\begin{aligned}
-\left(\frac{x^\rho}{\rho} + \frac{x^{\overline{\rho}}}{\overline{\rho}} \right)' &= -x^{\rho-1} - x^{\overline{\rho}-1} \\
&= -x^{-\frac{1}{2}+\theta i} - x^{-\frac{1}{2}-\theta i} \\
&= -x^{-\frac{1}{2}}(x^{\theta i} + x^{-\theta i}) \\
&= -x^{-\frac{1}{2}}(\cos(\theta \log x) + i \sin(\theta \log x) + \cos(\theta \log x) - i \sin(\theta \log x)) \\
&= -\frac{2}{\sqrt{x}} \cos(\theta \log x)
\end{aligned}$$

となります．つまり，

$$-\sum_{i=1}^{N} \left(\frac{x^{\rho_i}}{\rho_i} + \frac{x^{\overline{\rho_i}}}{\overline{\rho_i}} \right)' = -2\sum_{i=1}^{N} \frac{1}{\sqrt{x}} \cos(\theta_i \log x)$$

ですので

$$\Phi_N(x) = -\sum_{i=1}^{N} \frac{1}{\sqrt{x}} \cos(\theta_i \log x)$$

とおき，θ_i にリーマンスペクトルを代入してグラフを見てみます．周期項は素数とそのべき乗でステップアップしているため，その微分は素数とそのべき乗で大きくなっているはずです．

*2　そもそも，微分可能ですらありません．
*3　前述のとおり，本章ではリーマン予想を仮定しています．

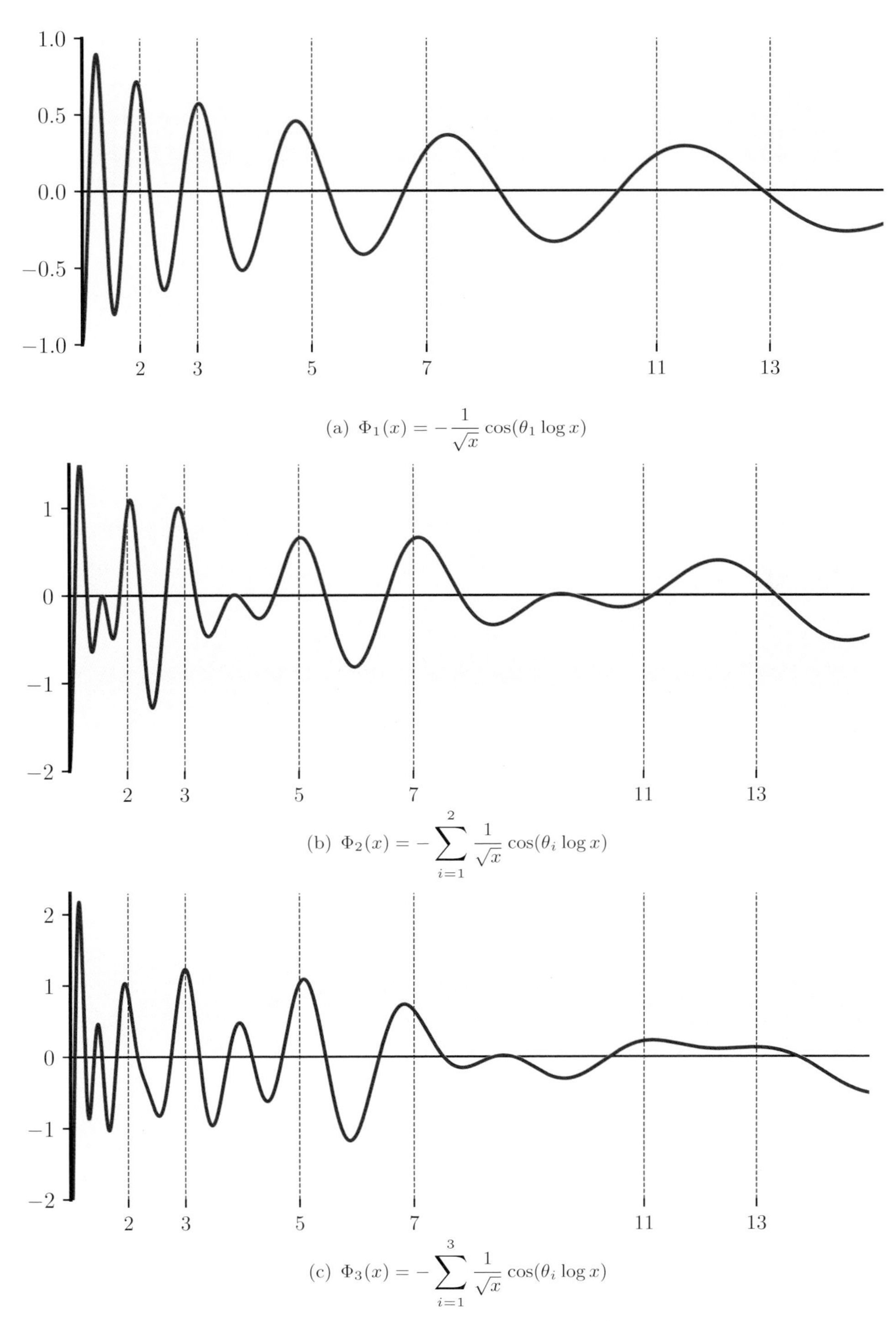

(a) $\Phi_1(x) = -\dfrac{1}{\sqrt{x}}\cos(\theta_1 \log x)$

(b) $\Phi_2(x) = -\displaystyle\sum_{i=1}^{2} \frac{1}{\sqrt{x}}\cos(\theta_i \log x)$

(c) $\Phi_3(x) = -\displaystyle\sum_{i=1}^{3} \frac{1}{\sqrt{x}}\cos(\theta_i \log x)$

Figure 19.5：リーマンスペクトルから素数を作る

19.6　素数で輝く

いよいよ本書のクライマックスです．非自明零点（リーマンスペクトル）には素数（およびそのべき乗）の情報が含まれていることを，グラフを使って確認します．しかも，たった一つの非自明零点にも素数の痕跡があることも確認できます．最後に，500 個の非自明零点を使い，素数で輝くグラフを作ります．

■$\Phi_1(x)$ のグラフ

Figure 19.5(a) は $\Phi_1(x)$ のグラフです．周期は徐々に大きくなっていき，振幅は徐々に小さくなっています．ここで注目すべきは，素数 2，3 の周辺で極大になっていることです．また，5 の周辺でも極大になっていることが分かります．

$\Phi_1(x)$ にはたった一つのリーマンスペクトルの情報しか含まれていませんが，それでも素数，とりわけ小さい素数の近くで，極大になっているのです．これは，たった一つの非自明零点の情報の中にも，素数の情報がある程度は含まれていることを意味しています．これが「はじめに」の「最小の非自明零点はあなたの目の前にある」の種明かしです*4．

■$\Phi_2(x)$ のグラフ

Figure 19.5(b) は $\Phi_2(x)$ のグラフであり，二つのリーマンスペクトルから作ったグラフです．これを見ると，2，3 だけではなく 5，7 の近くでも極大になっています．ただし，この段階では 11，13 は分かれておらず，11 と 13 の真ん中あたりで極大になっています．

■$\Phi_3(x)$ のグラフ

Figure 19.5(c) は $\Phi_3(x)$ のグラフであり，三つのリーマンスペクトルから作ったグラフです．11，13 が少しずつ分かれはじめていることが分かります．

■$\Phi_4(x)$ のグラフ

次ページの Figure 19.6(a) は $\Phi_4(x)$ のグラフです．素数 11 と 13 が完全に分かれているうえに 4（$= 2^2$）で極大になっています．

■$\Phi_{10}(x)$ のグラフ

Figure 19.6(b) は $\Phi_{10}(x)$ のグラフです．13 以下の素数ではほぼ正確な位置で極大になっています．そのうえ 8（$= 2^3$）と 9（$= 3^2$）でも極大になりはじめました．

■$\Phi_{500}(x)$ のグラフ

Figure 19.6(c) は $\Phi_{500}(x)$ のグラフです．素数で極大になることが分かります．素数以外にも，4，8，9 で小さく極大になっています．

---

*4　なお，「はじめに」で紹介した Figure 5 は，単純化のために $x^{-\frac{1}{2}}$ の係数を省略したものです．

このグラフはあたかも素数（と素数のべき乗）で光を発して輝いているように見えませんか．この**輝きを作っているのがリーマンスペクトル（非自明零点）**なのです！ リーマンスペクトル（非自明零点）には，素数とそのべき乗の正確な情報が含まれており，Φ_N という比較的簡単な式でその情報を取り出すことができるのです．

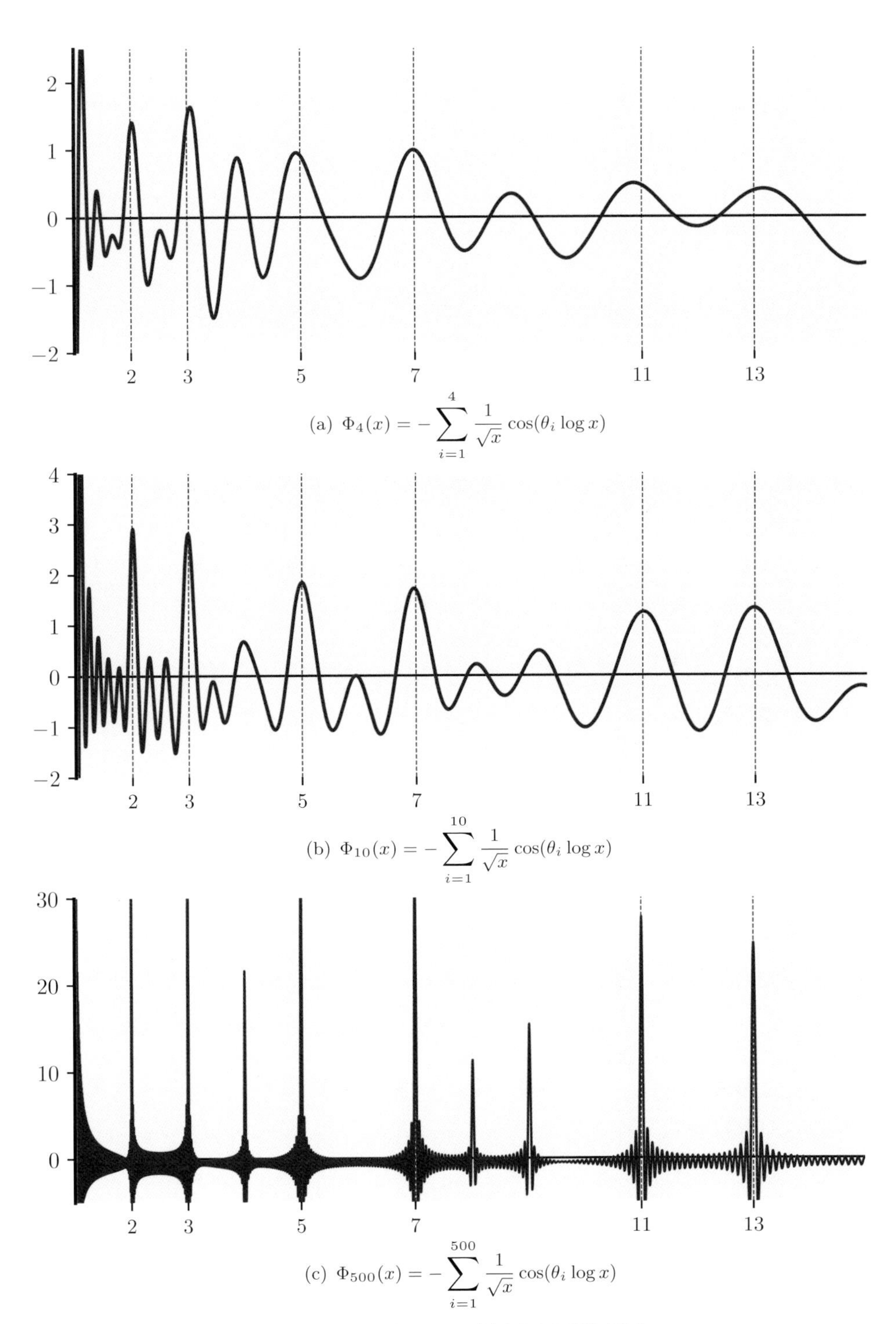

(a) $\Phi_4(x) = -\sum_{i=1}^{4} \frac{1}{\sqrt{x}} \cos(\theta_i \log x)$

(b) $\Phi_{10}(x) = -\sum_{i=1}^{10} \frac{1}{\sqrt{x}} \cos(\theta_i \log x)$

(c) $\Phi_{500}(x) = -\sum_{i=1}^{500} \frac{1}{\sqrt{x}} \cos(\theta_i \log x)$

Figure 19.6：リーマンスペクトルから素数を作る

19.7　リーマンスペクトルで輝く

前節では，リーマンスペクトル（非自明零点）から，素数で輝く関数を作りました．本節では，逆に，素数からリーマンスペクトル（非自明零点）で輝く関数を考えます．

次のような関数を考えます（[37][*5]）．（なぜこのような関数を考えるのかについては，本書の範囲を超えるため説明は省略します．）

$$\Psi_C(x) = -\sum_{p^n \leq C} \frac{\log p}{p^n} \cos(\log(p^n)x)$$

ここで C は正の定数で p は素数を動きます．つまり，上記の和は，$p^n \leq C$ なる素数のべき乗を動きます．

■$\Psi_2(x)$ のグラフ

Figure 19.7(a) は，$\Psi_2(x)$ のグラフです．周期 $\frac{2\pi}{\log 2}$ の周期関数です．注目すべきは，この段階で 14.1（1 個目のリーマンスペクトル）の付近で極大になっている点です．

■$\Psi_3(x)$ のグラフ

Figure 19.7(b) は，$\Psi_3(x)$ のグラフです．14.1 のみならず，21.0，25.0 の付近でも極大になっています．つまり，2 と 3 というたった二つの素数でも，精度良く小さいリーマンスペクトルを生成することができるのです．ただし，この時点では，5 個目，6 個目のリーマンスペクトルでは極大になっておらず，ちょうどその間で極大になっています．

■$\Psi_5(x)$ のグラフ

Figure 19.7(c) は，$\Psi_5(x)$ のグラフです．つまり，素数 2，3，5 と素数のべき乗 4 から生成される関数です．最初の 6 個のリーマンスペクトルに関しては，かなりの精度で極大になっていることが分かります．

■$\Psi_7(x)$ のグラフ

Figure 19.8(a) は $\Psi_7(x)$ のグラフです．素数 2，3，5，7 と素数のべき乗 4 から生成される関数のグラフです．最初の 8 個のリーマンスペクトルで極大になっています．しかし，9 番目，10 番目のリーマンスペクトル（40.8，49.8）では，極大となっていません．

■$\Psi_{10}(x)$ のグラフ

Figure 19.8(b) は $\Psi_{10}(x)$ のグラフです．9 番目，10 番目のリーマンスペクトル（40.8，49.8）も含めて，かなりの精度で極大とリーマンスペクトルが一致してきました．

■$\Psi_{10000}(x)$ のグラフ

Figure 19.8(c) は $\Psi_{10000}(x)$ のグラフです．10 個すべてのリーマンスペクトルにおいて，極大と一致していることが分かります．

*5　本節の内容は [37] を参考にしていますが，$\Psi_C(x)$ の定義は若干の修正をしています．

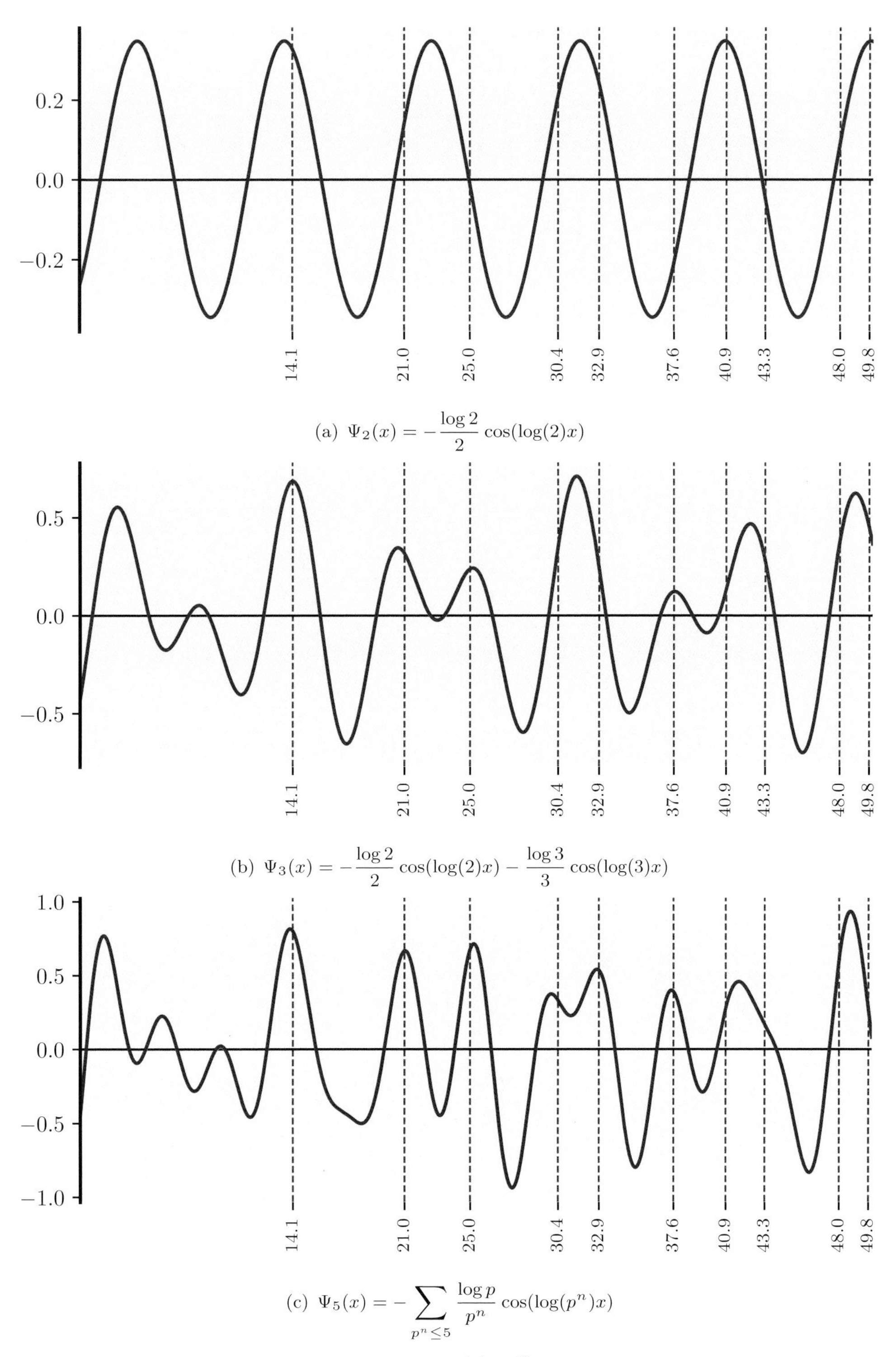

(a) $\Psi_2(x) = -\frac{\log 2}{2}\cos(\log(2)x)$

(b) $\Psi_3(x) = -\frac{\log 2}{2}\cos(\log(2)x) - \frac{\log 3}{3}\cos(\log(3)x)$

(c) $\Psi_5(x) = -\sum_{p^n \leq 5} \frac{\log p}{p^n}\cos(\log(p^n)x)$

Figure 19.7：$\Psi_C(x)$ のグラフ 1

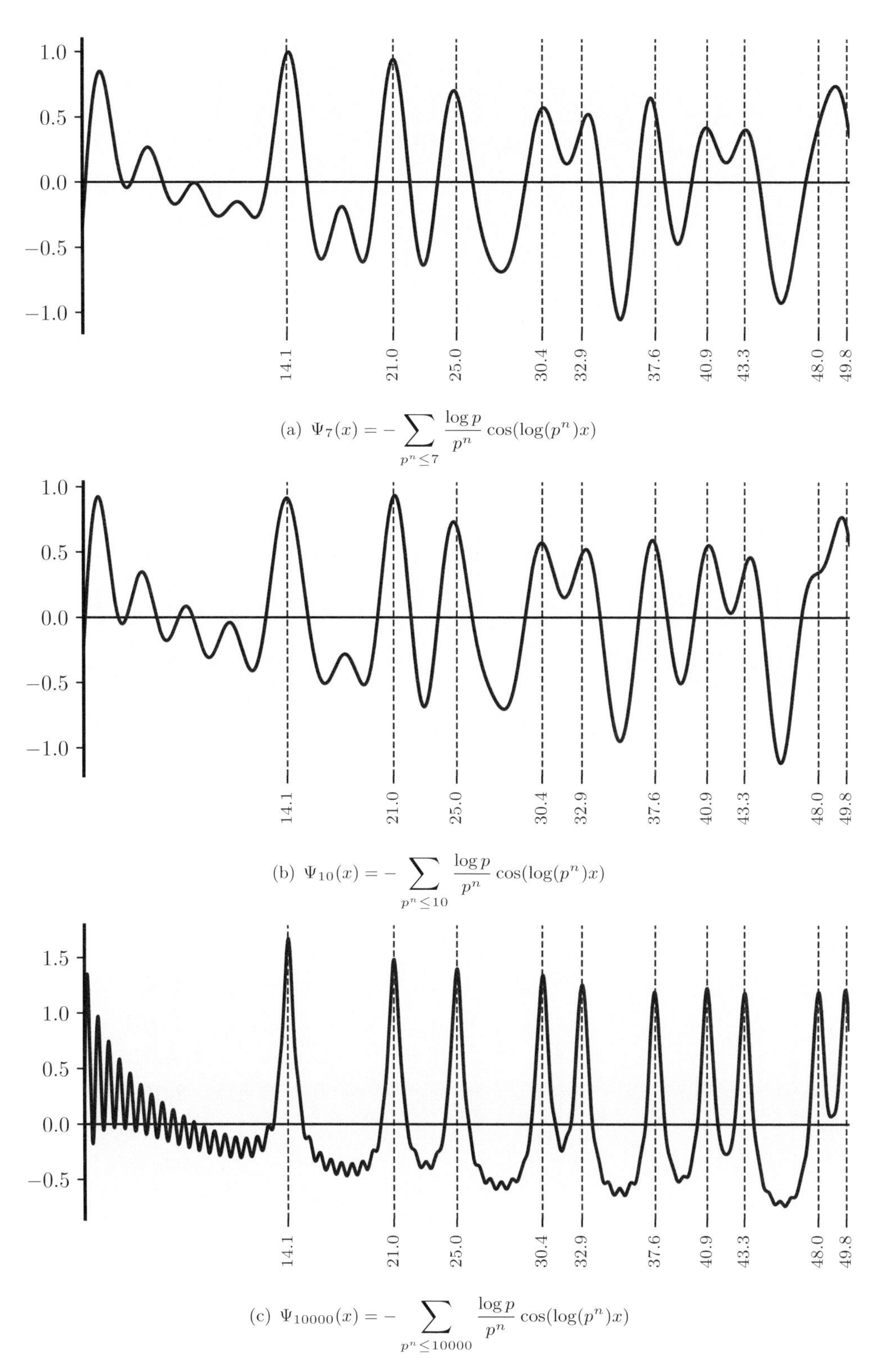

(a) $\Psi_7(x) = -\sum_{p^n \leq 7} \frac{\log p}{p^n} \cos(\log(p^n)x)$

(b) $\Psi_{10}(x) = -\sum_{p^n \leq 10} \frac{\log p}{p^n} \cos(\log(p^n)x)$

(c) $\Psi_{10000}(x) = -\sum_{p^n \leq 10000} \frac{\log p}{p^n} \cos(\log(p^n)x)$

Figure 19.8：$\Psi_C(x)$ のグラフ 2

参考文献

[1] 石黒一男．『発散級数論』．森北出版，1977.
[2] 小野孝．『数論序説』．裳華房，1987.
[3] 加藤文元．『宇宙と宇宙をつなぐ数学 IUT 理論の衝撃』．KADOKAWA, 2019.
[4] 黒川信重．『オイラー探検—無限大の滝と 12 連峰』(シュプリンガー数学リーディングス)．丸善出版，2012.
[5] 黒川信重．『リーマン予想を解こう～新ゼータと因数分解からのアプローチ～』(知の扉)．技術評論社，2014.
[6] 黒川信重．『ラマヌジャン ζ の衝撃』(双書—大数学者の数学)．現代数学社，2015.
[7] 黒川信重，栗原将人，斎藤毅．『数論 II—岩澤理論と保型形式』(岩波オンデマンドブックス)．岩波書店，2017.
[8] 小山信也．『素数とゼータ関数』(共立講座 数学の輝き)．共立出版，2015.
[9] 神保道夫．『複素関数入門』(現代数学への入門)．岩波書店，2003.
[10] 杉浦光夫．『解析入門 I』(基礎数学 2)．東京大学出版会，1980.
[11] 杉浦光夫．『解析入門 II』(基礎数学 3)．東京大学出版会，1985.
[12] 高木貞治．『初等整数論講義 第 2 版』．共立出版，1971.
[13] 高木貞治．『解析概論 改訂第 3 版 軽装版』．岩波書店，1983.
[14] 藤田宏，今野礼二．『岩波講座 応用数学〈8〉 基礎解析 I』．岩波書店，1994.
[15] 藤田宏，今野礼二．『岩波講座 応用数学〈14〉 基礎解析 II』．岩波書店，1995.
[16] 松本耕二．『リーマンのゼータ関数』(開かれた数学)．朝倉書店，2005.
[17] 森正武，杉原正顯．『複素関数論』．岩波書店，2003.
[18] 雪江明彦．『整数論 1：初等整数論から p 進数へ』．日本評論社，2013.
[19] 雪江明彦．『整数論 2：代数的整数論の基礎』．日本評論社，2013.
[20] 雪江明彦．『整数論 3：解析的整数論への誘い』．日本評論社，2014.
[21] ウワディスワフ・ナルキェヴィッチ．『素数定理の進展（上）』．丸善出版，2012.
[22] ウワディスワフ・ナルキェヴィッチ．『素数定理の進展（下）』．丸善出版，2013.
[23] エドワード・フレンケル．『数学の大統一に挑む』．文藝春秋，2015.
[24] ハロルドエム・エドワーズ．『明解 ゼータ関数とリーマン予想』．講談社，2012.
[25] R. クランドール，C. ポメランス．『素数全書—計算からのアプローチ』．朝倉書店，2010.
[26] D. B. ザギヤー．『数論入門—ゼータ関数と 2 次体』．岩波書店，1990.
[27] G. H. ハーディ．『ラマヌジャン— その生涯と業績に想起された主題による十二の講義』(数学クラシックス)．丸善出版，2016.
[28] Chris K. Caldwell．『素数大百科』．共立出版，2004.
[29] ジョン・ダービーシャー．『素数に憑かれた人たち—リーマン予想への挑戦』．日経 BP 社，2004.

[30] The Prime Pages (prime number research, records and resources). https://primes.utm.edu/.

[31] Richard Crandall and Carl B. Pomerance. *Prime Numbers: A Computational Perspective.* Springer Berlin Heidelberg, 2012.

[32] Larry J. Goldstein. "A History of the Prime Number Theorem". *The American Mathematical Monthly*, Vol. 80, No. 6, pp. 599–615, 1973.

[33] G. H. Hardy. *Divergent Series (AMS Chelsea Publishing).* AMS Chelsea Publishing, 2nd edition, 1992.

[34] Konrad Knopp. *Theory and Application of Infinite Series.* Dover Publications, 1990.

[35] Leonhard Euler. "Remarques sur un beau rapport entre les séries des puissances tant directes que réciproques". http://eulerarchive.maa.org/docs/originals/E352.pdf.

[36] Lucas Willis and Thomas J Osler. "Translation with notes of Euler's paper : Remarques sur un beau rapport entre les series des puissances tant directes que reciproques". http://eulerarchive.maa.org/docs/translations/E352.pdf.

[37] Barry Mazur and William Stein. *Prime Numbers and the Riemann Hypothesis.* Cambridge University Press, 1st edition, 2016.

[38] Thomas J. Osler and Lucas Willis. "Synopsis by Section of Euler's Remarks on a beautiful relation between direct as well as reciprocal power series (E 352)". http://eulerarchive.maa.org/docs/translations/E352synopsis.pdf.

[39] Filip Saidak. "A New Proof of Euclid's Theorem". *The American Mathematical Monthly*, Vol. 113, No. 10, pp. 937–938, 2006.

[40] Don Zagier. "Newman's Short Proof of the Prime Number Theorem". *The American Mathematical Monthly*, Vol. 104, No. 8, pp. 705–708, 1997

Index
索引

あとがき

ここまで，素数とゼータ関数の零点との関係を見てきました．とりわけ最終章では，「素数」から「リーマンスペクトル（非自明零点の虚部）」が生成でき，また逆に「リーマンスペクトル（非自明零点の虚部）」から「素数」を生成できることをグラフを使って確かめました．これらのグラフを見れば，この 2 つの間に何らかの関係があることを実感し，驚きと感動を得られたのではないでしょうか．

しかし，ひとたびグラフを離れると，十分にこの関係を分かったとまでは言えない人も多いのではないでしょうか．

本書は，社会人や数学を専門としない大学生や高校生向けにグラフなどを使い視覚化することにより，「リーマン予想」や素数とゼータ関数との関係を理解することを目的としたものです．グラフだけではなく，できる限り証明や例を加えましたが，複素関数論の基礎や「絶対収束」や「広義一様収束」などの収束性についての証明は行いませんでしたし，他にも証明を省略した部分があります．したがって，「リーマン予想」や素数とゼータ関数との関係をある側面からは分かったと言えるかもしれませんが，これだけで十分に理解したと言えるようなものではありません．本書では十分に説明できなかった証明の詳細や複素関数論・収束性の基本的事項については，別の教科書で習得されることをお勧めします．

本書は，2016 年に行った社会人，高校生・大学生向けセミナー「素数のせかい～世紀の難問『リーマン予想とは!?』」（和から株式会社主催）の講義録を大幅に改訂したものです．同セミナーを主催した和から株式会社は，2011 年 3 月に設立された大人のための数学教室和（なごみ）を運営する会社であり，数学・物理に関する社会人向けの個人授業やロマンティック数学ナイトなどの数学イベントなどを運営しています．同社代表取締役社長の堀口智之様には，同セミナーの機会を与えていただきました．同セミナーがなければ今回の出版はありませんでした．また，和から株式会社講師の松中宏樹氏や川原祐哉氏には当初の原稿を読み，丁寧なコメントをいただきました．しかしながら，本書にありうべき誤りはすべて著者の責めに帰するものです．さらに，イラストレーターの堀川波様には古の数学者たちに親しみがわくようなほのぼのとした素敵なイラストを描いていただきました．ともすれば堅苦しくなりがちな数学書を和ませることができました．

最後に，技術評論社の成田恭実様には，本書の構成について有益なご助言をいただき，株式会社トップスタジオのご担当者様には本書の細かい校正についてまで確認，ご助言をいただきました．成田様のご助言がなければ，このようなカラフルでグラフを多用した本が生まれることはありませんでした．このように，本書が出版できたのはたくさんの人のご協力やご助言があってのことであり著者としては感謝に堪えません．

2020 年 4 月　　木内　敬

著者プロフィール

木内　敬（きうち　たかし）

京都大学理学部卒業、同大学院理学研究科数学・数理解析専攻（博士課程単位認定退学）。
専門は整数論。その後、公認会計士、弁護士の資格を取り、現在は企業向けに法律問題の助言を行う傍ら、休日は数学教室和み（なごみ）（和から株式会社）において、社会人・学生向けに数学の講師を行う。
「素数のせかい～世紀の難問『リーマン予想』とは」（和から株式会社主催）講師。

本書へのご意見、ご感想は、以下のあて先で、書面またはFAXにてお受けいたします。電話でのお問い合わせにはお答えいたしかねますので、あらかじめご了承ください。

〒162-0846　東京都新宿区市谷左内町21-13
株式会社技術評論社 書籍編集部
『ビジュアル リーマン予想入門』係
FAX:03-3267-2271

●装丁　小川 純（オガワデザイン）
●本文DTP　株式会社トップスタジオ
●本文イラスト　堀川 波

ビジュアル リーマン予想入門
～グラフで解き明かす素数とゼータ関数の関係～

2020年7月30日　初版　第1版発行
2023年6月13日　初版　第2刷発行

著　者　木内　敬
発行者　片岡　巌
発行所　株式会社技術評論社
東京都新宿区市谷左内町21-13
電話　03-3513-6150　販売促進部
03-3267-2270　書籍編集部
印刷／製本　株式会社 加藤文明社

定価はカバーに表示してあります。

ISBN978-4-297-11452-7 C3041
Printed in Japan